设计 的 力量

邵隆图　倪海郡　程瑞芳　著

Power

江苏凤凰科学技术出版社

图书在版编目（CIP）数据

设计的力量/邵隆图，倪海郡，程瑞芳著. —— 南京：
江苏凤凰科学技术出版社，2018.4
ISBN 978-7-5537-9116-6

Ⅰ．①设… Ⅱ．①邵… ②倪… ③程… Ⅲ．①产品设
计－研究 Ⅳ．①TB472

中国版本图书馆CIP数据核字(2018)第063892号

设计的力量

著　　者	邵隆图　倪海郡　程瑞芳
项 目 策 划	凤凰空间／杨　琦　石慧勤
责 任 编 辑	刘屹立　赵　研
特 约 编 辑	杨　琦　石慧勤

出 版 发 行	江苏凤凰科学技术出版社
出版社地址	南京市湖南路1号A楼，邮编：210009
出版社网址	http://www.pspress.cn
总 经 销	天津凤凰空间文化传媒有限公司
总经销网址	http://www.ifengspace.cn
印　　刷	北京博海升彩色印刷有限公司

开　　本	710 mm×1 000 mm　1／16
印　　张	13.25
字　　数	264 000
版　　次	2018年4月第1版
印　　次	2023年3月第2次印刷

标 准 书 号	ISBN 978-7-5537-9116-6
定　　价	58.00元

图书如有印装质量问题，可随时向销售部调换（电话：022-87893668）。

序1：隆图先生

"隆图先生"，这是隆图嘱我写序时，最先跳出来的序题。

近日，ADMEN 国际大奖设立的最高荣誉，就是"广告先生"。我想，隆图从事广告大半辈子了，称隆图为先生，真不是一句溢美敷衍的话，而是一种尊敬和钦仰。

记得小时候，人们习惯把老师、医生称之为先生。现在似乎反过来了，先生成为稀有的称谓了，老师、医生成了习惯称呼，这岂不是多了职业感，少了敬重感。

先生之称谓，普普通通，没有官气也不俗气，但又敬意无限，其内涵远不只是知识充盈、专业过硬等外在特征的指认，更多的心理语义偏重于对人格的钦佩和思想的欣赏。

隆图经常以"九木人"自喻。"九木"为杂，隆图就是个"杂"先生。原本想试着用一句话来界定隆图，实在是件困难的事。

隆图者，上海邵隆图是也。他是干什么的？设计师？广告人？策划人？营销人？社会观察家？老师？学者？作家？演讲家？生活形态研究者？跨界创意人？公益活动家？抑或还有很多难以界定的角色？

依我对隆图先生的了解，这些头衔还真不是虚设的，每个头衔的背后都记刻着隆图先生的潜心之思，也有着他充满灵性的洞见和倾情的付出。

这一年多来，与隆图先生见得少。没想到的是，隆图先生居然在视频上"谈情"。

问世间情为何事？隆图解之：激情、热情、表情、心情、友情、感情、亲情、爱情、人情、闲情、调情、风情、诗情、痴情……诸事皆情。事情，事情，事在前，情在后。做事必有情动。事情，实为情事，情不一样，事就不一样了。当然，围绕"情或事"而引发的设计，就更不一样了。

就事论事，追求的是一种效率；就事论情，追求的是一种境界。

论事不论情，这种原则多少有点冷灰和可怕，因为它抽掉了情的丰富和心的善感。

隆图喜欢"谈情"，永远不会喜欢那些干瘪苍白的概念。每一次交流，他都会用情很深，他善于用生活中的"情物"来打动你、感动你，这是一种"大设计"的思维和视界。

家传的椅子转眼变成梯子，一盆圣诞花瞬间变成大家喜欢的贺年卡，没有指针的手表，几块看似随意摆放的青砖，还有欧美日马路上的世俗风情，粤港澳台城市角落里的小景小径，信手拈来，都能化为智慧的灵光。记得他曾送过我一本很特别的书，书的名字叫《砖魂》，中英文版的，收集了很多形态各异、情态毕现的"砖"。在隆图睿智的镜头下，"砖"构成了城市的表情，也造就了城市的性格。一幅幅照片，犹如镜像，反映出隆图先生体悟绵密、形意互证的创意思维。回过头来看，无论是和酒、光明牛奶，还是石库门老酒、世博海宝，实际上都是隆图先生融情铸意的代表作品。在这方面，隆图堪称"情场高手"。

隆图喜欢与文字神交，总能在一些老熟的文字背后翻出新的意境和非同一般的情韵。在隆图的客厅里，高挂着一匾额，上面题写着"得意忘形"。何意？大雅之堂为何有此等宣示？转而细细品味，顿感精妙绝伦。从设计或创意的角度去体会，"得意忘形"可谓是深得形意奥义的理解。得意，是设计创意的前提，是问题策略之由来；忘形，是设计创意之方法，是解构破形之路径。得意才能忘形，忘形不离得意。这不就是设计创意之旨归吗？

隆图他语势自信、语速优雅、语调抑扬、语音醇厚，偶尔夹杂着特别传神的上海腔调；他反应敏锐，形象讲究，追求生活品位，甚至房间的布局、餐桌的摆盘、上菜时的程序都有考究的要求，颇有老上海"老克勒"的情致。

隆图也有放纵的时候，尤其是灵光乍现时，他坐卧不定，手舞足蹈，创意血脉贲张，智慧激情亢奋，与之同席，基本少有你说话的份，煽情的感染力不是一般的强。

《设计的力量》，实在是隆图灵魂里最深刻的私语，是隆图通过自己的生活见识、心理冲突和情智挣扎所形成的经验阐释。

隆图的设计，其实无须什么理由。因为这不是单凭逻辑可以推演的，也不是纯粹理性可以判断的。所以，我们不妨静下心，抿一口沁香的茶，然后看看窗外的风景，想象隆图所讲述的故事、小品和见闻，内心的情调就会渐渐生显、活跃起来。

　　我相信，哪怕你假装着读这本书，你也会走进去很深……

上海师范大学人文与传播学院教授、博士生导师

序 2：作新

我曾经说过：中国人讲"相由心生"。设计便是由设计师的内心赋予物以"相"。你所看到的便是我藏起来的。你所看到的也是我正在思考的。设计是一个大声思考给你看的过程，张扬、做作，却也坦诚。相的交流便成了用心谈情的交流。

设计师和艺术家不一样，艺术家大多洒脱，创作的时候多半是出世的状态，灵感来了即刻挥洒，否则也许一支烟的时间，感觉该消淡了，而设计师不同，设计师多半是很"作"的，成百上千稿只为了这里那里的小细节，而小细节却决定了整体的格调与功能。"作"这个上海方言实在是博大精深，"作"是一种钻到细枝末节里的讲究，是一种不断怀疑自我挑战他人的不舒适感，是一股寻求完美的较劲。邵隆图老师自然也是作的，而且"作"出了品位与格调，常常在一个个微小的细节中游走着迷，探究色彩、功能、形态、材质、字体与种种可以被颠覆把玩的设计元素。

《设计的力量》书中，邵隆图老师用大白话把设计门道一一叙述出来，"作"却不造作，每一个小案例都是中国设计前辈对设计教育的贡献。讲一个好故事已属不易，邵老师却声情并茂地用文字把设计案例一一解剖，以对话的形式展现，值得我们初入门道的年轻设计师摸索学习。

后学：上海视觉艺术学院教授

序 3：叶子红了，也就成了花

邵爷的日子，实际上就是一片精致的叶子，一年四季变换着颜色。这并不是因为邵爷喜欢变，而是时间，即邵爷眼中的潮流在变，相应地，思想和行动不得不变。正是这种变，使认识他的人都感觉到，邵爷的日子过成了大家的日子，或者说大家的日子过成了邵爷的日子，这日子自然且精致。

邵爷的早晨就像是一颗露珠，晶亮亮地折射出阳光的样子。邵爷面前的茶，其实并不是茶本身，而是温润剔透的茶具摆放的样子，不用轻弹杯沿，你都可以听到清脆的瓷声，想象着杯里琥珀色的茶水，随着这声音，泛起涟漪，头顶上奶黄色的光线厚厚的荡漾起来。邵爷面前的早餐，不像想象中的那样丰盛，就是人们常见的清粥小菜，一只碗，一双筷子，三四个碟子，粥，咸蛋，咸菜，包子和馒头……这些马上要入口的食物，在邵爷看来，都很神圣端庄。粥和碗壁，不能有半点米汤拖挂，就如静止的湖面，湖是湖，岸是岸；碟子和咸蛋，不能让碟子看上去要随时接住蛋壳的细屑，蛋黄的膏油要聚拢在蛋白的中央，看似要溢出，却又牢牢地服帖在蛋黄上。至于那咸菜毛豆，看似散铺在小碟上，仔细打量，分明是摆成了日式庭院的一个小景。邵爷说，这些都不是他的创作，而出自家里的阿姨之手，他所做的，就是带着阿姨吃遍上海的各大五星级酒店的早餐。

和邵爷出门，每一步都是一张考卷，每一眼都是一道选择题。邵爷的眼力，很是犀利，只要他扫到的角落，都能发现美，一个小物件，一个小摆设，一个小招贴，他都不放过。每每发现美时，他会回头问你，你知道它为什么要这样设计？你知道他为什么要这么摆放？你知道他为什么要用这几种颜色？你知道……他每每问，你每每答，但你的回答，似乎都不到位，总缺点什么，后来一想，原来那是生活，一种日积月累的生活。如你习惯了咖啡馆的昏黄暧昧，习惯了一小杯浓咖啡的慢呷细饮，你大多会以一种格调、氛围、情趣和优雅等情态来体会咖啡消费的场景，而据邵爷的观察，咖啡馆是可以随身行走的，完全可以和阳光、空气、街景甚至喧嚣的人群在一起。邵爷认为，同样是咖啡，星巴克把设计的重点地放在移动和行走上，星巴克用设计带动了场景消费，而不是场景消费固化了设计。类似这些体悟，邵爷还有很多，他们都源自邵爷看似不经意的街头漫步和有点散漫的四处环顾。和邵爷散步，前面的路，我们用眼观望，而邵爷，却用心打量。

邵爷很早就玩社交媒体，微博，微信，样样都会。近来，邵爷更多的是玩微信。看邵爷的微信，你会发现，邵爷总想随时随地地与你分享点什么，大到政治、经济、文化、社会，小到一场拳击练习、一份朋友送的礼物。邵爷仿佛知道你们还没有睡着，你们一定在等待着他的分享，但邵爷的文字，向来简洁、明快，直奔主题，他珍惜自己的时间，也心疼你的时间。在设计大师看来，让人感动的一个小小的信笺，足以和你讨论一大段的文字，而邵爷三言两语便揭示了个中奥妙：一分情，透露着设计师对"术"和"道"的理解，做事容易，做情难；做事不难，难在做对事。情，是邵爷极其看重的，有的人眼里的时间，总是转瞬即逝，邵爷的时间，却过得很慢，因为在他眼里，时间就是画面，你尽可能地捕捉，尽可能地去思考画面背后的情理，时间就被放大了。平时商家门口客户排队的画面，不会引起太多人注意，而邵爷则体悟到了一个生意的道理：商业不是简单地卖产品和服务，而是在卖生活方式和文化，让客户能够从商家的跨界营销中，找到一分爱。爱是无价的，于是，有了不计价格，有了让冬天排队的温暖时刻。许多人都在感叹，问世间情归何物，但是有多少人问过自己，为什么自己总是来得匆匆，去得匆匆？有些美，邵爷留得住，我们却留不住。有些美，邵爷三言两语说得透彻，我们长篇大论说得拖沓。许多人喜欢看邵爷的朋友圈，除了那些独到的感悟之外，更重要的，那里有着一个邵爷自己定义的时间。

代沟，在邵爷那里根本不是个事儿。若有心做个统计，不难看出，与邵爷打交道的，不少是比邵爷年轻许多的晚辈。晚辈之所以喜欢和邵爷打交道，是因为邵爷从来没有设计大师的架子，是因为邵爷的语言永远是当下的表达，甚至邵爷的笑点也是当下的幽默。参观过邵爷办公室的人，大体都有这样一个印象，那就是大师在介绍自己那些重要作品的时候，总是轻描淡写，举重若轻，他的喜悦总是落在他对灵感的捕捉上，很少看到他有那种费尽心思，刻苦磨炼，废寝忘食，通宵达旦之后终于如愿以偿的释然。这也许是邵爷的用心，在年轻人面前，与其总是忆苦思甜，不如激发他们的灵感和创造力。不过，一旦看到晚辈好的作品，他从来不吝惜各种夸耀之词，既细数作品的长处，又画龙点睛地点醒。即便是初出茅庐的青年上门求教，他也是有求必应。记得有一次，一位远在新疆学习设计的学生来到上海，想拜访邵爷，邵爷那时手上案子很多，按理不会有时间接待。不料，邵爷答应得爽快：人家远道而来，又是年轻人，我和他谈谈，希望对他有帮助。邵爷心里明白，对于年轻人来说，一席话可能意味着一个不一样的人生。后来，当得知这个年轻人的作品在当地取得不小的成绩时，邵爷开心得像个孩子，口中念着：蛮好！蛮好！邵爷自己是个设计大师，他的设计字典里，没有"唯此为大"四个字。年轻人的好创意、好作品，大可为我所用。邵爷有一次看到微信朋友圈有一幅作品，是外滩的夜景，拍得没有锐利的灯红酒绿，却有诗意的迷蒙阑珊，恰似他构思的一个作品的格调，他即刻通过各种途径找到原作者，购买了这幅摄影作品的版权。如果手机里或者朋友圈里能翻出邵爷的照片，你不难发现，年轻人喜欢挽着邵爷、搂着邵爷、拥着邵爷，贴近邵爷，对他们来说，这是贴近邵爷那取之不尽的思想宝库，也是贴近邵爷那永远留驻的青春。据说，邵爷住院的时候，常常不守纪律，溜回自己的办公室，于是，邵爷的办公室隔三岔五仍然听得见年轻人爽朗朗的欢声笑语。

这世界上，有很多树，也有很多叶子，她们在各地生长，她们在地球的南北经历着不同的春夏秋冬，但是，她们以自己的方式，诠释着一个共同的道理：叶子红了，也就成了花。

邵爷过的，也是他带着我们过的，就是这种花样的日子。

目录

九木杂谈

| 主讲：邵隆图 |

将"一不小心"变成了意外设计

很多人看过我那本书《看见·发现》，那书封面上有一个黑点，看上去像极了一个人的眼睛。但很少有人知道这只眼睛的由来。

有一天我们正向一位客户介绍方案，方案打印出来裱在了 KT 板上，一共有三块，在讨论的时候他把 KT 板叠起来放在旁边，但没注意到后面有个点了蜡烛的烛台，由于讨论得很投入，所以等到大家发现状况的时候，前面两块板已经被倒下的烛台烧掉了，而第三块就烧成了一个黑点的样子。当时那位客户因为烧坏了东西感到很自责，但是当我看到这个不经意烧出来的黑点时，简直乐不可支，因为实在太难得了。

正所谓"得意而忘形，见形而生义"。因为我当时正在写《看见·发现》这本书，还没有想好理想的封面设计，这个黑点神似一只炯炯有神的眼睛，太契合我的书名了！即便刻意请设计师用电脑绘制，也不一定设计得出这么自然的效果。所以我这本书的封面图案，正是一块烧焦了的 KT 板（图1）。

上海师范大学的金定海教授对我说："看见并不是发现，发现是因

图1

为你想看见。"每个人的眼睛之所以看得到的都是不一样的,是因为每个人的经历不一样,所以看到的结果也不一样。

你不是看不见,你只是缺少"发现"

有的人缺少发现美的眼睛。只有当你想发现,你才能看得到。我的生活中每天都有"发现"。

"境由心造、相由心生、随心赋形、物随形现",这就是设计的全部法则。

我曾在朋友圈上传过一把伞的照片,那把伞很轻巧,只有普通伞的三分之一重,撑开却很大。它最大的特点是能够自动打开和收合,当然价格也不菲。其实我有很多伞,但看到那把伞后还是有买回来的冲动,因为它有别于其他的伞。

形随功能,才是好的设计。

其实这把伞容易出售的原因并不是因为它的造型有多好看、花色有多美,而是它的功能带来的高附加值。

我会去研究其内在的细节——弹簧结构、各部位连接的小零件等,我相信这不是一个设计师能够独立设计出来的作品。因为一把伞会涉及结构、材料、工艺等既复杂又包含细节的因素。

这把伞在上海的日本商场买到,但我相信它一定是中国生产的,回家细看,果然标有"Design in Japan, Made in China"的字样。造成这种状况的原因,很大程度上是由于很多国内企业满足于代工,很难或懒于去做更艰苦的创新,这也跟国内缺少优秀的设计师大有关系。

现在有很多人都自称是"设计师"，年长些的则被尊称为"设计大师"。其实这个称谓在 30 年前都叫"美工"，现在虽然称谓变了，但还是有很多人仍在以工人的思路做设计。这里并不是贬低工人，而是说大多数"美工"考虑更多的还只是产品的"形"。

而年轻的设计师们是从美术院校走出来的，因为缺少经验，大多不懂材料、工艺。这当然不能完全怪罪于老师，但他们的确有很大的责任，想想看，如果连老师都不懂的话，还怎么去教学生呢？归根结底，是知识结构出现了很大的问题。我在受邀参加一些设计院校的毕业作品展时，也常不讳言：学生作品如同一本菜谱，要变成产品、商品、用品、废品，路还很长。不能总在自己的圈子里转，要多走出去，去了解这个世界的变化。

上海现在也有很多海外留学回来的工业设计师，他们做设计时思考问题的角度就非常不一样，会涵盖很多因素，这就是经历、阅历的不同产生的设计高度不同。当然，西方国家工业设计比我们国家起步早很多，这些有海外背景的设计师所接受的教育比我们本土设计师们更加成熟，在这一方面，我们还有很长的路要走。

所以，我从这把伞的设计就可以看出产品的功能性以及它带来的用户体验的过程对设计师来说有多重要，设计师真的应该走出自己的世界去观察外面的世界。

这条发布到朋友圈的信息引起了 100 多位朋友的关注和评论，也有知情的朋友告诉我说"这伞很早就有了""这伞都是杭州出的"……于是我在想，这么好的产品，为什么只有少部分人知道呢？这应该不是我们消费者孤陋寡闻吧，而是品牌方的渠道不畅、推广不力所致。不传播，不存在。很简单的道理。

只有喜欢，你才会热爱这份工作

我定做了一套西装，其实我原本已有很多套西装，但那天决定买下的原因，是因为这位店员的服务非常好，从进店接待到产品介绍再到订单细节确认沟通都相当专业、细致，让我感动（图2）。

我问她："你受过培训吗？"她说："培训过。"

"培训多长时间？""半年。"

"从培训到正式上岗要半年？""对啊！"

我很惊讶，也很感慨。

图2

每个企业都有不一样的文化和工作方式，但如果新进员工碰上不成熟的企业，往往一上岗就被要求埋头苦干，没有培训、没有沟通，往往做了很久，对企业文化还是不了解，难以融入，其实也很无奈。一个没有训练过的士兵，上了战场，就成了炮灰！

每个人就业都希望有4个条件：好的收入，好的合作伙伴，好的工作环境，均等的晋升机会。

我一直讲，合适的才是最好的。到我们公司入职的员工，都要经过半年以上的考核期，这个考核与选择是双向的。在这期间，我们会去判断他的特长是不是我们公司所需要的、是不是适合这个岗位的，同时也要看他自己是不是喜欢我们公司，愿不愿意融入我们的企业文化。所以这半年的时间其实是互相磨合与了解的过程。很多工作半年后的员工都能被激发出自己的特长，我们也会尽量去发挥这些特长，为企业所用。因为我深知：只有自己喜欢了，你才会热爱这份工作；只有热爱这份工作，你的技能才会得到最大限度发挥。

经常听人讲让人头疼的 HR 问题，其实这就是最根本的问题——你是否喜欢这份工作。

以我自己为例，我太热爱现在的这份工作了，因为它会带给我不断地改变与提升，不断接触新的事物、认识新的朋友、学习新的知识，永远有做不完的新事情，真的再没有比它更快活的工作了。

我也是这么成长起来的。

1974 年，在我 30 岁的时候，遇到了一个好机会。我被调到上海市轻工业局机关里工作，负责全局创新的工作。当时我们轻工业局有多少企业呢？660 家工厂，26 万职工，我主要负责美工设计这一块的内容。当时全局美工共有 600 多名，分散在多个企业里面，大部分是在包装印刷厂里，工作主要是负责纸盒子的包装设计。还有很多美工，分配在各个领域的企业里，比如分配在木材公司，木材公司有什么东西好画呢？当时装饰板上的木纹花样全都要一笔笔画出来，所以木材公司的美工一辈子都在画木纹。不像现在，只要在电脑里设计好打印出来就可以用了。有多少设计师就这样默默无闻地度过了自己的一生，当时的社会也没有更多的需求需要他们去发挥。

设计是一个非常有创造性的行业，我当时因为工作的关系，有机会接触很多设计师，渐渐地开始了解、喜欢并投入进去了。我的体会是，做设计最重要的是态度——执着的追求和喜欢，喜欢是一种偏爱，没必要去讲道理。

设计，其实一点也不难

有一年上海要举办一场"上海商标百花奖"大赛，需要设计一个活动标志。这个标志，要在方寸之间承载很多内容和需求，还要经得起很多设计师的评判和裁定。当时请了上海最有名的 10 位设计师，横跨 5 个局——文化局、轻工业局、手工业局、外贸局、商业局。设计师们一起创作，历时一个月。要知道评论别人的设计很容易，自己动手并不容易。最后还是没有找到合适的方向，因为大家的眼光很难统一。当时时间已经很紧迫了，在一次集中讨论会上，我提出了一个想法，根据统计结果，这次活动共征集到了 15848 个标识，是很可观的一个数字，其中 1 个方案来自新疆。那么可否试试就用这个数字来设计一个标志呢？考虑到 15848 这个数字图形化有难度，我大胆的建议将 15848 的数字再加上 3，变成 15851，这样出来的图形就可以有对称感，设计能够轻松解决了（图 3）。要知道，设计并不是简单的画图，而是需要解决问题的。这个创意现在看来也是有点难度的，但却能够解决问题。

但是在座的其他 9 位设计师还是不理解该怎样去设计表现出来，于是我又画了一个草图。表示我看到了一个 8 和两个 5 纵横交错成一朵花，还有两个 1。当时很多人不知道我还会设计，当我给出草图时，大家都感到茅塞顿开。于是又委托上海美术设计公司倪常明老师完善这个设计，最后呈现出来的标识，所有设计师们都大加赞赏。设计说明也是我写的，最后的"1"，代表新疆的一个方案的唯一性。"15851"的百花图形，代表了这次活动的规模性，代表了这次活动互相团结、紧密交流的宗旨。

设计，你说难吗？其实一点也不难。每个设计师都会画画，难的是原创和想法，而最大的乐趣也在于此，我现在每天的工作基本上就是这样，天马行空的发散想法，乐此不疲。

找对人，说对话，做对事

我经常讲：找对人、说对话、做对事。不管做创意也好，做设计也好，

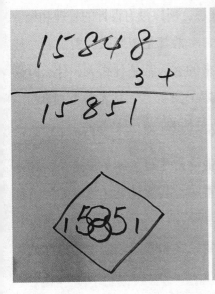

其设计说明是：

（1）阿拉伯数字"15851"是这次百花奖征稿的总和，反映了这次百花奖的规模和成果，具有广泛的群众性；

（2）最后一个阿拉伯数字"1"表达了每一件作品都是百花奖不可分割的组成部分，具有鲜明的个性；

（3）由阿拉伯数字15851组成的圆环，互相交叉、重叠，意喻增进团结，促进交流，阐明了百花奖的目的；

（4）由变形数字15851组成的花朵，象征了百花奖百花争妍，硕果累累。

1980年"上海商标设计百花奖"展览会如期开幕，人流如潮，赞声不绝，精心制作的会标矗立于大厅堂前，被制成海报张贴于大街小巷，被制成会徽纪念章分送给每一位作者珍藏，得到大家的一致好评。

商标标志，于方寸之地，集内容形式于一体，绘制看来仅需寥寥数笔，然

图 3

一定要先把目标人群找对，用适合他们的语言去沟通。对牛弹琴，牛累人更累。

"做对事"，做的其实根本不是"事"，而是"对"。那么怎样才算"对"呢？

做事情要把方向找对，找错方向就好比对牛弹琴，再努力也没用。方向对了，方法就可以千变万化。有了方向，才有目标。设计总监就是不停地把握方向，在策略的指导下去做事。就像在饭店里，经营者是老板，

设计师就是厨师，有的设计师没有做过老板，所以没有设计的管理和经营意识，只有绘画技术。厨师能做到老板，一般都是厨师长。厨师长一般都不炒菜，好的饭店，厨师长都在研究来的客人都是什么人，什么时候来，从什么地方来，什么菜新上市了，客人吃了多少，成本是否划算……这才是厨师长要做的事。俗话说："砧板是活的，炉子是死的。"

最好的厨师长不炒菜，而是配菜。他能把这道菜和另一道菜拼起来做成一个新菜，卖给客人，所谓菜的色香味，其实就是让顾客的眼睛舒服，口感满足，不只是吃饱肚子，更是获得精神、心理上的愉悦。所以好的设计师是能把握方向，控制技术的。我经常和我的总监讲，当你觉得自己没事情可做的时候，这个公司就经营好了。反过来如果你总是很忙，还经常加班，说明公司还有很多事没做好（图4）。

那么"做事情"做的到底是什么呢？我认为是"情"，而不是"事"。"情"是激情、热情、表情、心情、友情、感情、亲情、爱情、人情、闲情、调情、风情、诗情、动情、痴情……这是我多年的心得体会（图5）。

记住，在和客户沟通的时候，不要光想着如何去做设计，你要注意你的眼睛，因为你的客户会一直在看你的眼睛。如果他在你的眼神和话语里感受不到信心的话，他就会更加没信心。因为客户比我们投入了更大的资本，风险是由客户承担，你说几句话、画两张图、写一些字，却不给他足够的信心，他怎么敢投入呢？显然不行，必须要从市场出发，调动客户的决心和热情。

我有时候和朋友、客户沟通会在深夜两三点钟。有一次，复旦大学

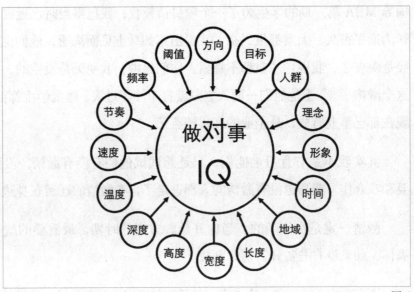

图 4

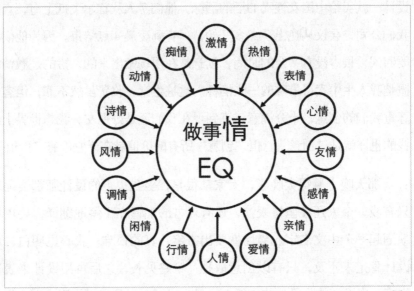

图 5

国际 MBA 第一期的学生为了一个项目请教我，我记得当时已近夜半，电话沟通了很久，大家都很兴奋，我提出不如马上见面沟通，他们说现在已经是深夜了，我说："我都不嫌累，你们累啦？我明天是没空的，也没有这个激情了。"于是他们一群人立刻就打车冲了过来。这批学生都很优秀，现在都已事业有成，是企业的高层精英了。

其实我不是有意刁难他们，只是想试试他们有没有激情。没激情不要和我合作，我身边没有激情的人都逃走了，有激情的还留在身边。

激情一定是少不了的。当你开始做方案的时候，最重要的就是激情满怀，如果没有准备好，请你别做。

还有一次，我们和一家生产山楂酒的韩国客户开会沟通，他们委托我们设计一款卖给中国女性喝的酒的酒标。他们 7 人从首尔飞抵上海，直接赶到我们公司，会议从晚上 7 点多开始，一直到凌晨 4 点结束。因为他们次日就要回国，根本没有多余的时间，创意是在现场做出来的，拼的是激情。这大概是我人生中卖得最难的一张酒标。这桩生意，收费虽然不菲，但客户非常尊重我们的创意，十分满意，直到现在我们还是好朋友。我想世界上最不值钱的也许就是"创意"，但"创意"所有的价值就在于它没有"价值"。

那天晚上聊得太晚了，大家都很累，坐我边上的设计师都要睡着了，只有我一个人还在坚持表演，还有对方的翻译在不停地翻译，要现场给这款酒起一个中文名字。当场就要出方案，真的很难。我心里明白，现场做设计肯定来不及，只有以创意取胜，策略见长，之后再用设计来表达。等到真正出设计的阶段，其实任务已经完成了，只是表现的形式不一样罢了。

这幅字，就是当时创意的来源（图6）：

不拘于山水之形，云阵皆山，月光皆水；

有得乎酒诗之意，花酣也酒，鸟笑也诗。

这是我在江苏同里"静思园"门口看到的一副对联，写的太美了，简直就是对我们这种工作的诗意描述：不要拘泥于山水的形状，画的好看不好看，云阵皆山，因为你心中有山，才能看到云阵都是山。你找得到酒的

图6

诗情画意，花红了，仿佛醉了，就像喝酒了；鸟笑了，就像一首诗。但是你想想，鸟怎么会笑呢？你懂得鸟语吗？你知道它是在笑还是在哭呢？因为你心里开心，它就在笑。你心里痛苦，当然它就在哭。这都是人的心理状态决定的，与鸟无关，或许你听到的美妙叫声恰恰是它的泣不成声。

我把它拍了下来，又请来好朋友，著名旅英书法家程凭钢先生把这副对子写了下来，装裱好放在办公室里天天欣赏。

那天晚上，我突然看到了这句话里面的"花醅"两字，觉得用来做女性酒的品牌名称真是再合适不过了，豁然开朗。现场跟客户一说，他们非常满意，就这样圆满结束了那天的通宵会议，客户很开心地回韩国去了。后来拿这两个字去做工商注册登记，全部通过，设计也一气呵成。这两个被我捡来的字就这样被用在了最合适的地方。

但是后来我们还是不放心，有很多人可能不认识"花醅"的"醅"字，我直觉认为这在传播上会有障碍。但如果只是将山楂酒的韩文名称翻译成中文"山楂春"，又实在太平实普通了，撑不起 60 元一瓶的价格。因为山楂在中国太普通了，所以一定要赋予它新的定义。

于是我们又根据"山楂春"的韩文发音找到了三个字：尚初春。注册顺利通过。

最后请著名设计师赵佐良先生完成"尚初春"、"花醅" 2 个酒标的设计（图 7），又花 25 万元请专业调研公司进行定性、定量市场调查，

图 7

请了很多会喝酒的焦点人群——女性，来做喜好度调查，结果很出乎我的意料，两个名字比较下来，很多女性并没有选择"花醑"这个名字，询问下来，原来现在的女性都很自信，觉得"花醑"太诗情画意了，反倒不喜欢。而"尚初春"则更具想象力，高尚的、时尚的，像初春一样，听起来有点小性感，读起来又有点韩国的味道。最后韩国老板尊重调研结果，确定使用"尚初春"，支付了我们一笔不菲的创意设计费，很满意地回国了。

后来他们还盛情邀请我们团队一行数人去韩国参观工厂及交流，又是一笔不小的开销，还让我们在酒厂亲自体验了酿酒过程。这是客户对我们创意、设计最大的褒奖，是对我们工作态度、精神的欣赏，也是我最引以为傲的事。

更让我感动的是，等到客户再次来到上海的时候，竟然带来了这些他们自己酿好的酒，灌装在酒瓶里，还把我们当时在现场的照片打印成酒标贴在酒瓶上（图8），我们大为感动，他们真的很用心地在做品牌，这种精神也是值得我们学习的。

图 8

扫一扫，观看完整视频

好鱼好肉没葱姜行吗？

|主讲：邵隆图|
|主持：程瑞芳|

好鱼好肉没葱姜行吗？当然不行！

那什么是"好鱼好肉"？

"葱姜"又代表了什么？

怎样搭配比才算适量？

程瑞芳： 在佛教文化中，葱属于荤食，是不能吃的，因为它辛辣，不仅气味难闻，而且吃后会使人产生昏昧感。但在日常饮食中，葱是必不可少的调味品。下面有请邵爷来谈谈他对"葱姜"的看法。

邵隆图：英国在 1894 年创刊了一家杂志，名叫《黄杂志》（*The Yellow Book*），由一批具有世纪末文艺倾向的作家和画家围绕该杂志组成一个被称为"颓废派"的文艺集团。里面的作品，会含有一点色情的意味，被认为不登大雅之堂，久而久之，西方将"黄色"与性、色情、下流等意识联系起来。受这些西方思想的影响，在我们国家，黄色对于一些人来说多少带有些调侃的意味。

其实黄颜色并没有什么对错，在古代还曾经是帝王专属的高贵颜色，它有自己的自然属性，但是一旦被赋予它社会属性后，有时可能会联想到一些负面的词汇，如：黄土地——贫瘠，黄河——悲壮，黄脸婆——自卑，黄马褂——封建，黄金——俗气……

记得我们当初在为黄酒做品牌策划的时，故意规避用这个"黄"字，而是重新创造了两个新的品类定义——和酒（图 9）和上海老酒（图 10），定位成商务用酒，不去强调它是黄酒。因为一讲黄酒，难免又变得很土气了。

"和酒"品牌一经上市，就受到了年轻人的喜爱。我们曾经通过第三方立场做过市场调查：你们喜欢喝黄酒吗？答案：不喜欢。那你们喜欢喝"和酒"吗？答案：很好喝，非常好喝。其实这就是重新定义。所以当时我们在做创意的时候，如果没有"和酒"，现在也不会有这么大的两个品牌，都是无中生有的。

图 9

图 10

我们做设计要有丰富的知识面。我早上3点就起来看书了，一直看到8点多，黄颜色我也经常用在设计中，以前买过一本书叫《首先，打破一切常规》，上面写了一段话让我印象深刻："人是不会改变的，不要为填补空缺而枉费心机。而应多多发挥现有的优势。做到这一点已经不容易了。"所以在人力资源管理方面，我一直研究怎么让设计师发挥他们现有的优势。我们公司叫九木，信息量比较多比较杂，一直在做技术层面的事情，知识面很窄，对事情的理解不一定非常全面。但是人是不能改变的，所谓设计做得好，做得不好，无非就是元素放在什么位置合适，合适才是最好的，用人也是同理，把不同的人放在合适的位置上，发挥最大的优势。

程瑞芳： 话题讲回来，今天的话题是：好鱼好肉没葱姜行吗？葱姜本来是辛辣的，那么在整个品牌的传播当中，怎么让它成为一个适度的调味品，让它在创意当中产生一点味道呢？

邵隆图： "好鱼好肉没葱姜行吗？"其实这是我1993年春节时写在公司开业贺卡上的一句话。我在1990年辞去公职"下海"，1992年开始创业。起初什么都得自己干，刚开始创业的半年内睡地板，业务很少，幸好我以前在工业系统待了30年，积累了比较广的人脉，也做成过些事情，"下海"之后得到很多朋友的帮忙，后来逐步发展起来。相信每个创业者都是在开始阶段很艰辛。

那时候过年流行送贺卡，大多是金碧辉煌的，我不想买现成的，于是自己设计，然后请一个绘画好的朋友帮我画，那时候根本没有电脑，都是手绘。我设计的画风和画面是：水墨画的风格，在一张旧的小方板凳上，摆放着一点葱姜，旁边是一把竹制的椅子。看着像过去室外常见的小葱姜摊，我通过这样的形式来隐喻我的公司是一家小公司，纸张选用的也是非常普通的艺术纸，文字除了常见的"Merry Christmas！Happy New Year！"，还写着这么一句话："好鱼好肉没葱姜行吗？"意思就是说：如果将客户比喻成好鱼好肉，那么我们广告公司就是葱姜，好鱼好肉有了葱姜才能变得更美味。

我们广告业其实是服务业，必须依附于企业，企业才是主体。企业如果没有愿望，我们就没有价值。所以这张贺卡发出去后，就签了很多合同。我喜欢小中见大。有些事情没那么伟大，我们只是普通的石子，只有在太阳光的照耀下才略显光彩。所以我觉得，如果没有客户的勇敢投入，如果不是他们愿意承担风险，我们不会有今天。

同样我们设计师要明白，如果你得了奖，获得了应有的荣誉，拿到了相应的报酬，你应该暗自庆幸，这是运气，然后高兴5分钟就可以了，要继续朝前走，服务好客户，为企业努力增值。我们要明白自己的位置，我们要使作品更加有市场价值。

我有几个小故事要分享给大家。

还是过年送贺卡。有一年我设计的贺卡是圣诞花（图11）。我当时在圣诞节前买来一棵圣诞花放在办公室窗台上，一天，我在想怎么设计新的贺卡，突然发现这棵圣诞花的红花和绿叶其实是一样的，就顺手拍了一张照片，然后截取了部分画面，做成卡片上的图片，又配了一句文案："叶子红了的时候，它就成了花。"当初流行寄贺卡，奢华的风格都讲究很多，但我这张贺卡寄出后，朋友们的反馈都很好，因为这就是他们的心里话。过年圣诞花有特别指向性的意义，而且我的很多朋友都事业有成了，50多岁，大多数是企业的管理层。他们在年轻的时候像绿叶一样默默付出，随着年龄的增长就变成了红花，也就很有成就，收获颇满。这也是我的心声。文字真的是有力量的。

其实过年我们发贺卡，就是为了沟通，沟通除了内容，更多的是为了唤起他人的共鸣，这样才更有价值。有时候，表现能力不是你一定要去做个伟大的作品，而是在不经意间创造的小作品当中体现的。这也是我所关注的事情，因此我总是能从核心价值和理念上取胜。

程瑞芳：能多和我们说说您独特的核心价值观吗？

邵隆图：就是对人的尊重。我常说，找对人、说对话、做对事，其中"找对人"很关键。新闻学讲究5个"W"和1个"H"，何人（who）、何事（what）、何时（when）、何地（where）、为何（why），然后再怎样做（how）。我读书的时候，文科就特别好。我就读的学校年级里一

叶子红了的时候，它就成了花！
When leaves are red, they turn into flowers!

图 11

直有作文示范的机会，1963 年高考那一年里，我写的文章 7 篇被示范了 5 篇。现在我觉得身为一个广告人，一定要会写散文，会用各种修辞手法。如果你文科不好，是很难做设计的。所以好的设计师不一定都是美术出身，还有些人中文基础好，能把故事讲得非常有趣，引人入胜，能调动别人的情绪，也就是"调情"。我经常让我们员工去户外看看我们的花园，春天花色多美，如果不看，怎能成为"好色之徒"，又怎么会懂得"调情"呢？

这是一包牙签（图12），我从天喔老板手里拿到蓝色包装牙签的时候，感觉包装形式和设计还可以再改进，回国后我就重新设计了一下，成了绿色包装的样子。同样卖10元钱3联包，一个是热收缩包装，另一个是吸塑贴体包装，同样放在货架上，你会买哪一个呢？在使用的单个小包装形式上我只动了一个小小的细节：把原来开口的一面换成背面，把原来完整的一面改到正面，再加上几个小字，"私人专用"，这些小小的改变，就是我加上去的"葱姜"。因为使用牙签是很私密的事情。使用挪威进口的木材制作，而且它是薄荷味道，很干净清爽，所以很多人喜欢，把它放在口袋里也不会扎人。

无论是文字、样式还是其他，往往就是这样的一些小细节设计，就能带来很大的改变，带来附加值。这都是我们广告服务业要用心做的。需要充分考虑到使用者的感受和体验，把他们的情感激发出来。

我们曾经为上海糖酒集团策划了品牌形象的升级，企业英文名称缩写是：SSCW。原来的SSCW是指Sugar（糖业）、Sales（零售）、Channel（渠道）、Wine（酒业），都是对产品和行业属性的描述。我们赋予它新的意义：Smile（微笑事业）、Sweet（甜蜜梦想）、China（立足中国）、World（胸怀世界）。这就是再定义的价值。

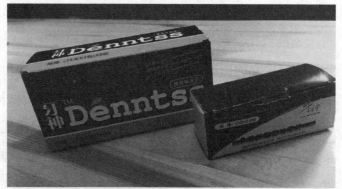

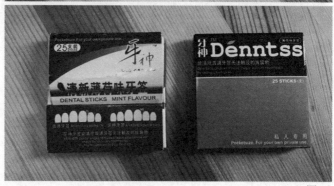

图 12

　　后来在糖酒集团开业 60 周年的时候，很多人都送去了祝贺，我也送了一份贺礼：两幅画框（图 13）。一幅是把糖酒集团的品牌标志重新装裱，把它的图形、核心价值、专用颜色都展现出来，同时写有一行小字："形象脸面，细心呵护。"另外一幅，我把纸揉皱，也装裱起来，写有一句话："脏了皱了，很难复原。"这两幅画框分别挂在他们办公楼上下的两部电梯里面，这样员工们每天进出上下都能看到自己的品牌，就会想着怎么去维护它。

　　所以设计在我们的生活中无处不在，包括策略、想法、创意、执行、场景、注意力、吸引力、冲击力、杀伤力、记忆力……各个环节都有合适的关系问题。所谓好不好看，其实是合不合适。

　　据说毕加索曾说过最经典的话是"拙工抄，巧匠盗"。直到今天，世界上很多事和物，我们都似曾相识，只是旧元素、新关系的重新排列组合，是时间、空间的跨越，和物理、化学的变化形成了差异。

图 13

扫一扫，观看完整视频

小题大做

| 主讲：邵隆图 |
| 主持：程瑞芳 |
| 嘉宾：倪海郡 裤兜创新设计学院联合创始人 |

小题大做，哪些是小？哪些是大？

可以小到什么程度，怎么做大？

程瑞芳：这期的话题是"小题大做"，我们请到了裤兜创新设计学院联合创始人倪海郡先生，作为年轻人的代表，来一起和邵爷谈谈"什么是小题，什么是大做"。

在某个"六一"儿童节，我在从北京回上海的高铁上看到有人不断在各种微信群里发"宝宝要奶瓶""宝宝要鸡腿""宝宝要薯条"，我不明白这是什么意思，于是我在群里询问，然后汉仪字库的马总跟我说，让我尝试在群里发"巴拉拉能量～我还是个宝宝，奶瓶雨，下！"之后她便在我们创意发声群里示范了一下，结果哗啦哗啦整个屏幕全都下了奶瓶。我觉得好玩极了，我特别想要帅哥，就在群里发了"古娜拉黑暗之神～宝宝要帅哥，下！"结果在微信里出现了很多猴子，哈哈，我觉得很开心。

这天晚上，我发现"我还是个宝宝，宝宝要某某某，下"变成了全民都在玩的游戏。这是抓住了什么点？六一儿童节，每个人都特别期待回到孩童时期，想要什么就要什么，想干什么就任性地去干什么。正是抓住了这个"小"洞察，结果发展成了一个"大"创意，变成了全民都在玩的线上游戏。这就引出这次的话题——"小题大做"，哪些是小？哪些是大？可以小到什么程度，怎么做大？

邵隆图： 小中真的是可以见大的。我大概在十多年前设计过一个小瓶饮用水的包装，是给孩子们用的。当时还没有小瓶饮用水包装的概念，它的容量差不多是普通瓶装水的一半，甲方老板当时问我，这么小的瓶子行吗？我说当然可以啊，孩子们用正好。因为普通容量的瓶装水，孩子带着是很重的，一时也喝不完，会浪费。然后，瓶子缩小一半还不算，我还设计了8个不同颜色的瓶贴，里面的水是一样的。甲方老板又不明白了：你设计了8个瓶贴，包装成本不是很高吗？我说：你有没有注意到当这8个瓶贴的包装一起出现在超市货架上的时候，排面是很大的！孩子们拿在手里也不会搞错，你是红的、我是绿的、他是蓝的……不仅如此，我又在每个瓶子上各加了一根带子，可以让孩子背着走，省力很多，家长也很开心。这就是小中见大的设计。通过这些小小的改动和设计，就能使水增值，促进销售（图14）。

图14

我对这个创意设计很有信心，甲方老板也很信任我，8个瓶贴的整套小瓶包装设计就这样执行下去了。结果这个新包装一上市，就给企业多增加了一条流水线的市场容量。后来这个品牌和水厂被雀巢公司收购了。

有个纸巾盒（图15），我珍藏了差不多有15年了，牌子就叫"二分之一"，设计其实很简单，因为有很多的卡通动物，我发现女孩子买的多。但真正让我感动并记住的，是包装上面的文案，至今还背得出来："生活中经常使用面纸，有时候用了一半就扔掉了，无意中造成了不必要的浪费，具有节约观念的某某面纸，让环保从小地方做起。"

虽然这盒二分之一大小的纸巾价格比普通规格面纸只便宜了一点点，但正因为有了这些环保意识的文案，我发现还是有很多人愿意买这个纸巾的，因为它的文案很有"爱"。这就是创意跟文字的价值。

还有一个包装袋（图16），里面其实是普通的漱口水，有趣的是漱口水不是瓶装的，而是一次性铝塑复合材质包装而成，一小支一小支的，一盒3支共12元。满足一天三次餐后漱口的使用需求，随身携带很方便。比如坐飞机时，大瓶的漱口水带不了，只能带100ml以下的，这种设计就能轻松解决问题。所以我一直认为设计就是解决问题，很多设计师缺乏丰富生动的生活体验，就无法理解为什么要这样设计。所以丰富和生动的生活体验相当重要，也是换位思考的开始，而不单单是平面设计的技术性问题。

要用心观察，生活中小中见大的设计其实随处可见。

1997年，我在美国纽约梅西百货公司拿到了一份商场导购说明书，

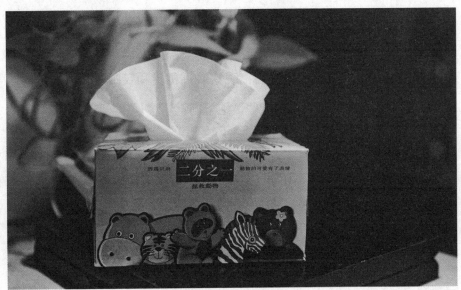

图 15

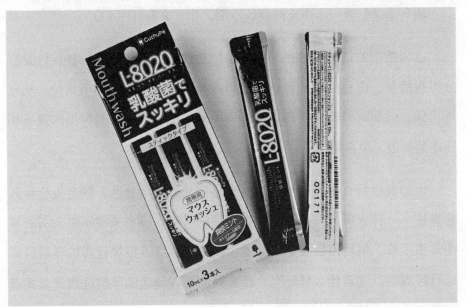

图 16

当时令我感动的是，说明书全部有中文翻译。一般走进商场大堂，我们看到的都会是很漂亮的女孩子在迎宾，但当我走进梅西百货时，却是一个老太太迎宾，她很端庄地坐着，观察着周围。和我四目相对的时候，她马上起来点点头，当我再走近些，她就问：

"Korean？"

"Japanese？"

"No．"

"OK，Chinese！"

她马上递给我一本中文的商场指南，非常亲和（图17）。

这张指南的设计风格很简单，但信息明了，营业时间跟楼层设置都分得很清楚。现在国内的商场也做得很棒，应有尽有，细节到位，功能性很强。但那时候我在梅西百货公司内转一圈，感觉跟当时国内商场相比还是先进了很多的。

比如商场都有童装专柜，国内多是按款式来做分区，顾客挑选很久总算选中一件衣服，结果一问没有合适的尺寸，难免失望不悦，买衣服变得很困难。但梅西百货是用0岁、1岁、2岁、5岁等这样的年龄段来进行区隔的，这有什么好处呢？顾客只需要在合适的年龄区挑选款式就可以了，节约了很多时间，因为时间也是顾客的支付成本。

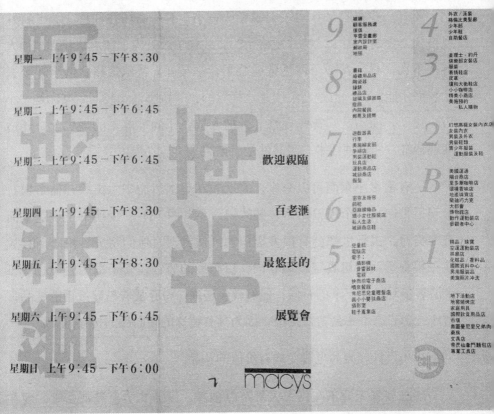

图 17

又比如买鞋，国内一般还是先挑款式，看中后再由店员到仓库里帮我们找尺寸，经常因为没有合适的尺寸，要重新挑选款式，来来回回真是浪费时间。当时我就发现在梅西百货是根据尺码来分类的，你37码，就不会跑到38码那边去，这就是一种细节的小设计，方便了顾客，节省了大家的时间和精神成本。但是又有多少人发现了呢？

　　还有一些衣服尺寸比较大或者比较小，有些商场往往称之为"特殊规格"，我如果买了"特殊规格"的服装鞋子，就等于在承认我和其他人有些不太一样。女孩子就更觉尴尬了，小尺寸，特殊规格，甚至还要去童装部才能买到。但是在美国是这样写的："娇小淑女装"，夸你是"小巧玲珑"，而不是"特殊规格"。把人放在了同等尊重的地位上，还适度地恭维，你这种话术，当然就是大创意。

　　还有很多小东西可以分享。有次我在美国纽约华尔街联邦储备银行参观后带回来一个吸塑贴体包装的纪念品（图18），说明书上说这里面有5美元。银行里都会有很多废旧的纸质钞票，他们将废钞粉碎后存放在一根根透明的粗真空玻璃管内，粉碎后的废钞在管子里四处飞扬。每个游客参观结束出来的时候，他们就会送你一份存放着粉碎纸币的礼品，留作纪念，谁都不会舍得扔掉，因为具有特殊的指向性的传播意义。

　　小小设计，废品也能变成有价值的礼品。

　　所以创意无处不在，人人都可以创意。设计其实也没那么难，现在国内全民的审美意识普遍不高，我觉得这是我们设计师的责任，是我们这些人刻意地把设计说得太难了。之前看到央视财经频道的纪录片《创新之路》也在说教育的问题，教育失败了，其他的问题也随之而来。不仅仅是学生的问题，更是因为没有好的老师去教。

　　设计师的主要设计对象是消费者，而不是美术作品。

　　我曾经在上海市政府召开的会议上把一块手表（图19）拿出来给市领导看，牌子叫"ABOUT"。这块表只有一个小珠代表时针，没有分针、秒针。想想我以前在轻工业局工作时，我们的手表厂为了把手表每天的走时精度提高 2 秒，10 个工程师花了 10 年时间才完成任务，那是立了大功的，因为终于赶超了国际先进水平，何等重要。但实际上人们并不是读秒走路生活的，我们对两秒时间的误差毫不在意，于是，到了这个时代，就有人设计出了这种表："ABOUT"。那天我和领导讲，我在休息天就喜欢带这种表，休息天不需要时间约束，我的心是自由的。现在手机、车里都带有钟表，手表的计时功能不再具有不可取代性了，计时早已不是它的主要功能了，更多的也许成了时装和生活方式的一部分。还

图 18

图 19

有那些动辄二三十万元一块的所谓的名牌表，它卖的更是一种能够传代、纪念的收藏价值。

又比如香烟，价格高低不取决于烟草的含量，可能烟草少、滤嘴长的反而更加贵。很多烟的牌子都印在罗纹纸上，抽到最后，牌子都烧掉了。但是如果印在过滤嘴上，就能延长传递品牌信息的时间。所以好的设计就是：当你把烟蒂掐在烟缸的时候，它还能完整、有效地传递出品牌信息。这些小细节恰恰就是设计师要认真揣摩的（图20）。

程瑞芳：海郡，你觉得重要吗？因为我自己也在做教育，所以特别有感触。邵老师讲的东西都特别重要，但是"小题要大做"需要一个支持点。这个支持点就是你一定要去感受生活，然后要明白"顾客体验"是怎样一回事。但是现在我们的设计师都很难做到亲身体会生活中的一些东西。

倪海郡：最近是大学生毕业季，我在看平面设计研究生的毕业论文，看到后来，也是比较焦虑。因为写毕业论文就是需要"小题大做"，而最差的就是"大题小做"，但如果你能"大题大做"，就是你的本事。一般来说，还是希望能够以小见大。现在互联网传播很发达，我们现在的平面教育教学中，那些"作品"都是打引号的，为什么这么说呢？因为学生们现在特别重视"作品"，他们所理解的作品都是比较偏视觉化的，整个毕业设计里面，70%~80%都是作品，而论文只占到了20%~30%的比例。学校确实是这么规定的，但是这导致了整个作品都非常视觉化，缺少观念。我觉得对于毕业设计而言，所谓的论文要有它的研究价值或者说要有它

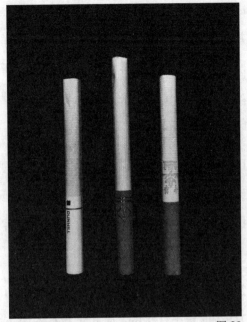

图 20

的观点。视觉是在为观点服务的，而不是为了视觉而视觉。所以现在所谓的作品化是有非常大的问题的。

我以前在英国读书的时候，也碰到过这个问题。因为我也是从美院出来的，一看就明白所谓好看难看，都是视觉化的东西。现在这个行业的技术门槛也越来越低了，很多视觉化的东西其实是没有支撑力的。所以很多人去从事了纯粹艺术方面的工作，因为艺术是抽象的，不需要体现商业或者学术方面的价值，而设计不一样，设计要有价值，要么商业价值，要么学术价值。并不只是一堆图片、好看的画面，那样缺乏生动形象的表现力。现在的设计师也会有这个问题，要看作品，所以很多跑到艺术的范畴里面去了。但是商业化的、能激发人们消费欲望的作品，是可以帮助客户实现他们的商业目标的。

邵隆图： 而且只有在客户投入以后，你才有成功的机会。如果没有客户的大胆投资支持，没有很好的品牌传播、销售渠道，设计师的价值是难以实现的。我们看哪个成功的设计师背后，没有客户很大的风险投入和支持？

有张卡（图21），我保存了好多年，是宝马集团（美国）的设计总监寄给我的。我们是在展览上认识的，前几年我有本中英文版的书《砖魂》在上海设计展览中心做展览，派公司员工去做接待服务工作。当时公司有一个美籍日本实习生田中，不会讲中文，也被我派过去，接待的第3天碰到了一个美籍华人，也不会讲中文。两个都不会讲中文、但都会讲英文的人，就这样用英文交流相识了。这位美籍华人看了我这本书，对我产生很大的兴趣，强烈要求见我一面，第二天就到我们公司来玩了，这才得知他是宝马集团（美国）的设计总监，还带来了保时捷的香港总代理。那天晚上我们一起吃了公司阿姨做的员工餐，聊得很投缘。他在回去后不久，就寄来了一张贺卡，这张卡有他们公司好几个人的签名，很有意义，也很有趣。卡片上面有一朵雪花，我第一次看到如此整齐精致的刀线，而且纸张是绒面的，现在国内康戴里纸业也有绒面的了，但是那时是很

图 21

少见的，所以当我看到的时候，惊讶极了。上面的雪花是宝马的 6 个气缸的一个端面。所以对于宝马公司来说，即使一张贺卡，都在充分地表现他的行业属性，非常视觉化。可以看出他的每一件设计都是有意义的，都带有策略性地思考，至少都在传递宝马汽车的行业特征。

倪海郡：有时候视觉形式也是内容的一部分，比如可口可乐，活动做得很好，还有一部比较火的电影《百鸟朝凤》，海报做得很好。如果视觉上喜欢它的人和内容上喜欢它的人是完全契合的话，那么视觉就成了内容的一部分。如果你的产品是卖给另外一批人的话，那么视觉只能是一种工具。

所以一定要想清楚自己的定位。视觉，更多时候，其实是一种工具。

比如说现在一些插画师，他们画的画和做的包装都非常有意思。很多设计师也会与艺术家合作，我觉得这是对的。但是现在的商业和市场提供了很多多元化的机会，一定要看清自己做的是什么事。

邵隆图：平面设计都是应用性的。即使你是一个插画艺术家，也需要某一个设计师告诉你如何去画这个插图。只做一部分设计，不可能去做一个完整的策略，所以整个设计也是为策略服务的。在整个计划中，策略是创意的开始，最后用视觉去表现。我们关注比较多的是技巧，却很少有人明白隐藏在视觉设计背后的策略意义。

倪海郡：我们教育体系内平面设计专业的根基是美术，严谨而传统，但是对实用性强调得比较少，而设计师除了平面构成的能力，作品的实用性也是非常重要的。

邵隆图：我前不久去上海视觉艺术学院上课，里面有个"德稻"实验班。"德稻"师资力量的组成跟我们不一样，其中搞设计和艺术的也有，搞 3D 空间的也有，里面甚至有按摩大师，这样从里面培养出来的人就比较复合。最近我碰到了顾传熙教授，他学生的作品现在经常被国外选中去展出，我想这跟顾教授有很长时间的实践经验有关联。学生就是学校的产品，企业需要的是设计师，而不是学生。如果你的产品（学生）质量不好，企业怎么用呢？如果你们的学生拿来就能用，那么就关系到学校的师资和教育方法问题了。

对于现在马路上乱闯红灯的现象，我进行过抓拍，发现那些违反交通规则的人，年纪大约都在五六十岁，男女都有。反倒小孩子，大多会很遵守规则，因为现在的学校都有这个意识去教育引导。现在社会上有很多不可理喻的事情，不能完全责怪年轻人，部分原因是他们的父母没做好。同样我们的师资也存在问题。有的时候我们去学校讲课，很多老师并不是很欢迎我们，因为我们讲的内容可能是反体系的，但是我们能为企业创造价值，带出来的学生能解决企业的问题。所以市场需要才是最关键的问题。

程瑞芳：所以我们在这里，也拜托看我们创意发声的各位老师，就像邵爷所说的，我们要的不仅仅是学生，而是员工。所以我们希望在大学里能更多地安排他们去实践，去接触社会。

邵隆图：我现在已经跟两个大学签约了校企合作，我们要求学生在比较早的时间里介入到我们公司，手把手地教，一事一议，这样才能培养出很抢手的学生。

倪海郡：我觉得趋势很重要的。在这个行业里，工业设计是最火的，时装设计在未来几年会更火，平面设计呢，在我们出道的时候，1980—1989 的时候是比较热的，但是现在技术门槛越来越低了，竞争也越来越激烈了。

从趋势来讲，中国是全世界制造业和加工业的中心，也是全世界最大的劳动密集型产业国家。但是现在国内的制造业开始向东南亚转移，我们的客户很多都把产品加工放到了越南，越南工人工资 100 美元一个月，比国内的劳动力成本低很多。另外，欧美企业的设计中心开始向中国转移，从以前的 OEM 到现在 ODM，很多出口产品的设计订单，从欧洲移到了中国来做。平面设计方面，很明显的趋势是，一线城市的优势已经不那么明显，二三线城市的设计师水平在不断提升，实际上我觉得现在是平面设计最好的一个时代，为了保证领先的地位，一线城市的设计师被迫不断学习，做出改变，否则，就会被有价格优势的二三线设计师追赶超越。从学科教育角度，我们扪心自问，当下的设计教育比起 20 世纪 90 年代有哪些改变？其他专业教育，比如生物、化学等都发生了翻天覆地的改变了，如果我们的传统设计教育还不做出改变的话，迟早会被时代淘汰。

程瑞芳：刚才海郡是从设计教育这个角度讲的，如果我们的学生做的毕业设计是一个小命题，那么一定要有大的观点。

从刚才邵爷讲的故事角度来说，要从小的生活当中体验，才能做出大的设计。从品牌传播的角度来讲，我们要从小的洞察中，获取细微的差别，才能做出大的策略。这就是我们这期要讲的主题"小题大做"。

扫一扫，观看完整视频

污

| 主讲：邵隆图 |
| 主持：程瑞芳 |
| 嘉宾：倪海郡 裤兜创新设计学院联合创始人 |

程瑞芳： "污"这个词，不知道在大家的印象当中呈现的形式是怎样的。海郡，于你而言什么东西最污？什么事情最污？

倪海郡： 其实我一直以为"污"就是"脏"的意思，后来才知道原来现在还有"黄"的意思，有点颠覆了我的价值观，使我们这些"70后"有点落伍。前阵子我在上课的时候，学生说"呵呵"，我们"70后"觉得"呵呵"是微笑的意思，其实对于"90后"来说是"讨厌、无语"，是负面的词。

所以我觉得"污"这方面"没有最污，只有更污。"

程瑞芳：我觉得什么最污呢？我在做妈妈之前，对"污"这件事情还没有什么透彻的理解，我只是觉得不洁的东西很污，比如垃圾，或者便便。但做了妈妈之后就又有不同体会了。因为给小朋友清理卫生的时候，一些原来你觉得很污的东西就变得特别纯洁，因为你每天都要去闻，去观察它的颜色，看小朋友的身体是否健康。所以我觉得"污"这个词是相对的。我今天在邵爷这儿看到一样东西："一个荷包蛋吃进去之后，出来变成一坨屎（图 22）。"一个进入人体内，一个从身体排出。这次的主题"污"，我们就要从这个设计开始，让邵爷谈谈这个是什么，为什么要把这么污的东西放在碗里面。

图 22

邵隆图：这个不是污，这坨屎是我花了 6 瑞士法郎从瑞士买来的玩具模型。当时觉得好玩，这种设计怎么会有人买？买回来发现没地方放，于是就做了一些实验。比如把它放在碗里，大家看了都觉得奇怪。因为我们做食品、快速消费品业务比较多，在为客户服务的时候经常会碰到语言系统不一致的问题，往往在和客户沟通时，我们用的专业术语，他们听不懂。然后我用这个，把这坨屎跟一个荷包蛋放在一起，他们问我为什么？我说，你们以为你们做的是食品，但其实你们是做"屎"的。尤其是我们制造业和食品业，做的都是"屎"。因为如果你的产品不能变成大小便，那么它有什么意义呢？产品在流动的过程中，从工业仓库，到商业仓库，再到家庭仓库，最后到了人的肚子里，最终变成了屎，才算完成了它的全部价值。

程瑞芳：所以对于食品类用户来讲，如果你的设计没有产出一坨好屎，你就没有一个好的产品。

邵隆图：对，你说"屎"不好听，但是你说"便便"就不一样了。我们说"污"，其实可以给"污"的东西创造许多新的名字，把它重新定义后就会变得不一样。

所以我觉得"污"存在只是因为它还没有被发现有利用的价值。像我们休息日，争先恐后地驱车开往崇明长兴岛去吃有机食品，其实有机食品就是"污"，"污"的东西发酵以后成为有机食品的肥料。

程瑞芳：所以在设计里面"污"不等于"黄"，而且"污"的定义取决于它的价值。

邵隆图：每次去日本回来，都有很多人问，有没有买电饭煲？有没有买马桶盖？我在思考，为什么日本人会把这两样东西做得非常好？因为它涉及我们人类最重要的"吃"和"拉"的两个渠道。

大家都觉得日本的电饭煲做出来的饭就是好吃，尽管我们国产的也做得不错。还有日本的马桶盖，我家里已经用了十几年了，现在公司里也用，你会发现用起来真的是很方便、很卫生、很享受。这跟日本人很讲究、很精致的生活方式不无关系。

现在的产品设计从以前的"傻、大、黑、粗"转变成"小、薄、轻、软"，又要向"新颖、巧妙、美观、人文"方向发展，更需要换位思考，所以设计师可发挥的空间还非常大。我们以前太穷了，马马虎虎习惯了，连垃圾都没地方扔。只管吃，不管拉，这样设计师怎么能做得好呢？设计师应该是生活方式的创造者，如果他自己的生活品质不提高，就不会有足够的格局和眼界去关注到细节和重点。当你关注了"吃"和"拉"两个重要的渠道，你的生活品味也就能随之提高。

其实生活中到处都有创意设计，每件设计都有它不同的位置。

我有一些烟灰缸，有的有盖，有的没盖，都是防风的，特别适合户外使用（图23）。

有一个不锈钢材质没盖的（图24），是丹麦的经典设计，半个球体的外形很现代。使用非常简单，弹入烟灰后只要轻轻转一下，烟灰就会自动掉入底座中，上面部分又可以继续使用，这个烟缸看上去身材小巧不占地方，其实容量很大。还有一个黑色的（图25），也是丹麦的设计，

图 23

图 24

图 25

生铝浇铸烤漆。也可以容纳很多烟灰，盖子上只有一个圆孔，打开盖子，发现里面分成三格，一根香烟抽完不用花力气弄熄，丢进去把盖子转到另一格，香烟就会自动熄灭。

北欧 5 个国家——芬兰、冰岛、丹麦、瑞典、挪威，人口加起来才2500 万，他们刻苦、耐劳、勇敢、爱冒险，为什么他们有那么多好的设计呢？我觉得这和天气、地理有关系。这些国家纬度高，大多沿海、寒冷，白天时间比较短，下午三四点钟太阳就下山了，晚上有充足的时间慢慢思考、改进，产生很多好创意、好设计。

像芬兰浴，也是一种设计，是来自于生活的体验。从室内的暖炉到外面的冰雪，人体的血管和皮肤毛孔不断地舒展、收缩。根据人的生理需要发明了许多科技设备。最近我的一个学生要帮我在家中安装一套中国首创的"量子有氧汗蒸房"，这就是从生活体验中延伸出来的高科技产品。

相比较而言，我们的设计师可能是太忙了，太急躁了，节奏太快了，所以会产生马马虎虎的想法，觉得"这样就可以了"，而不是更多地去关注细节。

程瑞芳：其实这还是关系到一个设计师的内心是否富足，能把污和不污都想透彻。不管你拿多少工资，你的内心必须是要富足的，富有想象力的。但是怎样才能让我们设计师内心像邵爷这样富足呢？

邵隆图：设计其实来源于生活的体验。有次我的一副无框眼镜不小心被人碰断了一只脚，去配眼镜时，商家推荐给我一副不会断的眼镜，它里面有个钢丝，上、下、左、右、里、外都不会折断，是著名的鬼才设计师菲利普·斯塔克（Philippe Starck）设计的。这副眼镜就是从人的需求角度，而不仅仅是从美术的角度来设计的（图26）。

　　有一次我去外滩，车子经过四川中路至延安路外滩的时候，我指着一家书店，对我的驾驶员说："我以前常来这地方买旧书。"他的一句话

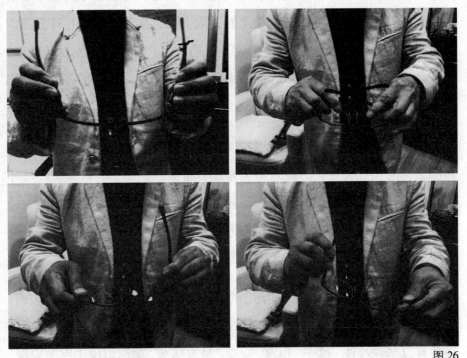

图26

让我印象深刻："书是没有新旧的，你没看过的书就是新书。"我一时语塞。所以从这句话想想，生活当中哪些东西是"污"的呢？还没有被利用的东西就是"污"的。

我们现在用的便利贴，也就是不干胶，其实起源于 3M 公司的不合格产品，因为不粘，所以就"污"了。那怎么把它变成有价值的东西呢？产品生产出厂后一放就是十年。有一天终于有需求了，我们看书时经常画线做笔记，有时为了方便翻阅习惯折角，但是这对于书来说就"污"了，所以需要临时可以粘贴的东西，也就是现在的不干胶，又名压敏胶。现在这种胶一年的销售额达到千亿美元都不稀奇，而且还可以延伸出很多种类：粘贴在丝绸上的、木头上的、纸上的、皮革上的、毛料上的、塑料上的、金属上的、玻璃上的，等等。有许多产品可以开发设计出来，关键是有需求。但是我们对人的需求研究得太少，一直还在研究产品和美术设计。

其实设计就是研究人的需求，当然还要有点、线、面的比例，色彩、环境之间的相互关系，这就是审美意识。审美意识是不能简单说好与坏的，它是主观的、抽象的，是有差异的。我们很多设计师都有类似的经验：客户总是说不好看，每天一上班就在讨论好看不好看，这其实是价值观的问题。

其实我们生活中有许多"污"的东西可以变成快乐的、洁净的东西。那怎么转变呢？日本人就把"便便"变成了一种很享受的过程，一个马桶盖可以帮你冲洗、烘干、按摩、除臭、放音乐等，帮你解决了许多问题。

日本有90%的地方都在用这个马桶盖，但这其实是在中国杭州生产的。好的产品为什么我们自己不会推销呢？创新分为三大块：创意、执行和推广。我们缺乏推广的能力。现在成功的设计师都会推销自己，但是我们要明白，大多数的成功是因为客户勇于承担风险，投入得多才得以成功。所以我经常说，面对成功我们只要开心5分钟就可以了，剩下的更要感谢我们的客户。

程瑞芳：所以在整个创新过程中，用户体验是首要考虑因素，去体验用户的使用感受，再是创意、执行，做推广。在做推广的过程中，还要建立客户反馈系统，给客户再体验反馈的机会。整个过程是循环的。但是我们现在有很多设计师关注的问题是创意里面是否美观，太片面了，需要站在更高的角度更全面地去考虑问题。

邵隆图：这个时代变化实在是快，科技的发展对我们行业有很大的推动作用，这期间有几个重要的发展节点。

比如20世纪有许多重大发展节点，我提3个：

1. 试管婴儿技术——人类繁殖后代可以通过体外受精和胚胎移植来做，真正改变我们的观念的是：一切皆有可能。

2. 宇宙探索——并不是说我们都要去月球，而是要改变我们的时空观念。

3. 微电子技术应用——我们现在都在享用着那么多高科技电子产品，全都是掌握信息的工具，内在的观念就是人类的占有欲望，因为信息就是权力和财富。

21 世纪又有很多重大发展节点，其中有 3 个是：

1. 人造子宫——美国费城儿童医院的一个研究团队打造的"人造子宫"首次通过动物试验，一旦这个技术成熟，这将意味着男女从此在生理上实现平等。

2. 寻找可以替代肉类的食品——李嘉诚、比尔·盖茨等巨头都在投资利用素食食材研究制作肉类食品。人们有了开始保护动物的意识。

3. 调节大脑机能的装置——这个技术对我们改变太大了，比如现在的智能手机、VR、机器人、数据库……都已经成为人类各种器官的延伸和生活方式的延展，更是满足了人们对时间和空间的需求意识。

很多人都已经记不得家里人的电话号码，因为都存在手机里。试想一下，今天手机如果没带，很多事情就都没办法做，尤其是有了微信之后。别看这是小事，但是影响会非常大。接下来房地产也会改变，你们想现在家里最空的地方是哪里？家里最大的地方是客厅，但是客厅现在没有人待着，年轻人不看电视，都在看自己的手机。所以今后住房的格局也要重新规划。现在在家最拥挤的地方是哪里呢？是厕所。所以设计师要考虑多设计几个脸盆、马桶，这样我们早晨就不用排队挤在一个卫生间里了。

我们的工作其实就是长期关注人的生活方式，人的需求就是市场。市场营销（Marketing）三句话：产品就是库存，销售就是渠道，需求就是市场。所以我们设计师必须关注市场，关心人的需求，这样你的产品才能被人所用。

我有一张德国设计的桌子，很有设计感（图27）。它可以拉伸、移动、升高、降低，1厘米、2厘米、3厘米都可以。这张桌子，你可以用来喝茶、吃饭、开会、写字、办公。矮个子，可以放低，高个子，可以升高。一张小桌子解决了不同人在不同场景下的需求，一个平面可以节约很多空间。所以生活中到处都有市场机会，只是我们的想象力不够，看不到需求。这也是我们供给侧要做的事情。

程瑞芳： 所以把握住用户需求之后，你会发现原来你认识的东西会变成另外的样子，污也不污了。

邵隆图： 再比如老年用品就有做不完的市场。像我们老年人总是在找眼镜，但颈部挂根绳子又非常不方便。有一个老年用品研讨会，来的大都是年轻人，他们怎么能够想象得到老年人的需求呢？像我刚才说的眼镜，在手机上如果能安装一个系统，只需一按，眼镜就能发出"嘀嘀"的提示声音，不就能解决问题了吗？还有手杖，如果不小心掉在地上，

图27

老年人蹲下去很困难，没办法拿，如果按一下手机上的操作系统，手杖就能自动弹起来，不就很方便吗？所以有很多创意可以去做，希望我们的设计师不要懒于思索，一味满足于好看难看。

这把椅子（图28），100多年了，产自宁波，是我祖母留下来的。平时可以坐坐，但是在家里会有爬高拿东西的时候，这把椅子上下翻过来就是把梯子，很方便，也不占地方。解决了一物多用的需求。

还有张地毯（图29），是我公司开业时的纪念品，现在已有25年的时间了。地毯上面是我的脚印，也是我的基本观点。客户来访，我就和他

图28

们说：在你我开步以前，请把我们的立场一起转向消费者，即换位思考，也就是同理心。所以很多人都知道这块地毯意味着思维模式的转变。

我们每天都在创作作品，但是有多少人考虑到生产的可能性，他了解工业生产吗？了解材料吗？了解工艺吗？了解结构吗？了解表面处理吗？了解生产成本吗？他们很多事情都不了解，一直停留在做作品。

产品做好了，接着就是买卖的渠道。商品在哪里出售？方便买卖吗？便于携带吗？安全吗？这些都要研究。然而消费者与作品、产品、商品都没有关系，他买的恰恰是用品，是他的利益需求。最后还要考虑使用

图29

后是否环保，即废品处理问题。这样，设计的五品闭环原理就形成了。

现在我们设计的逻辑应该是：作品→产品→商品→用品→废品（图30）。

有一个石磨茶几是我自己设计的（图31），也已有25年的时间了，当时是朋友为我定做的。我向他要一个石磨，他问我："你要石磨干吗？要磨豆浆吗？"我说："不，要做茶几"。他没法想象。这个茶几当然是不能转的，只是个模型。我的意思是：只有甲乙双方不断地磨合才能出成果。那么怎么磨合呢？

一要顺势而为，二要花力气，三要抓紧时间。

然后成果财富才能源源不断。就是这样一个富有含义、巧妙的设计，说服了很多朋友，他们都愿意和我们慢慢磨合，顺势而为。在这张茶几上，我们签了很多合同。但它原先是废品，没什么价值。

倪海郡：对，这就是变废为宝，废物被利用，也就不"污"了。

程瑞芳：无论是"粪便"的故事，还是马桶盖的故事，抑或电饭煲的故事，我们都要知道，一个好的设计师需要关注的不仅是作品，还要更多地去关注消费者的利益。只有抓住了消费者的利益和需求，我们才能完成从作品、产品、商品、用品到废品的循环，也就是一个"污"的循环。所以邵爷说得非常对，这个世界上没有东西是"污"的，只有没有被利用好的东西才叫"污"。

邵隆图：世界上其实没有垃圾，垃圾就是还没有发现它的价值，所以"污"也能变成"宝"。

作品　Works
产品　Products
商品　Merchandise
用品　Commodities
废品　Waste

图 30

图 31

扫一扫，观看完整视频

设计如何调情

|主讲：邵隆图|
|主持：程瑞芳|
|嘉宾：谌 涛 Chen Tao Design 的创始人|

程瑞芳：这期《设计如何调情》，我们邀请到一位荣获德国红点设计大奖和美国工业设计优秀奖（IDEA 奖）的重量级嘉宾——谌涛，Chen Tao Design 创始人，跟邵爷一起，聊一个重口味的话题：设计如何调情。既然红点大奖得主在这里，我们就先从红点奖的作品开始说起。

我今天带来一支铅笔，这是我平时做笔记时用的一支笔，获得过红点设计奖。它的与众不同之处在于它的外形，在三角外形的笔杆上有很多凹洞，凹洞的好处在于，使用过程中铅笔不会滑落，握笔的时候可以固定在某个凹洞处。同时它的颜色、形状和木头的清香让我在使用的时候有一种"诗和远方"的感觉。所以，它能很好地调动我使用它的情绪，很好地和我"调情"。从这支铅笔开始，我们来看看设计到底如何去和我们的用户"调情"，什么叫作设计，"调情"调的是什么情（图 32）。

邵隆图：其实设计就是在调情。我认为调情就是调动情绪。设计要调动人的情绪。我们认知世界需要五觉：第一是视觉，在人的感知范围里

图 32

面占到 83%；第二是听觉，占到 11%；还有嗅觉、触觉、味觉共占到 6%。现在我们看见的能够让你感动的事情不那么多了，是因为现在的信息量太大了，所以设计好像变得越来越困难了。

我相信大家在生活中有很多东西是会重复购买的，比如你有了第一块表，也许就会买第二块、第三块表；你有了第一双鞋，就会有更多的鞋，商品细分是富裕社会的特征，设计的作用就是不停地调动你的情绪，让你产生冲动去购买，从"需要"变成"我要"。

我们现在生活富裕了，即使已经有很多的衣服，还是会经常听到女士们说自己没衣服穿。什么原因呢？因为调情不够！在不同场合，不同环境中需要穿不同的衣服。"冬暖夏凉、保温遮体"，这都是以前的陈旧观念。我曾经在大学里问：如果你现在只能选择一样东西，"吃"还是"穿"，你选哪一样。很遗憾的是，很多人都认为吃很重要。但实际上你两天不吃饭没有关系，别人看不出来。但是你一分钟不穿衣服，警察就来了！所以我们说"衣、食、住、行"，而不是"食、衣、住、行"。可见"穿衣"对调动情绪是何等重要。

我觉得在汉字里面，调（tiáo）和调（diào）是一样的，设计很大一部分价值就是在调动情绪，是为了便于管理、方便流通、激发需求、降低成本、积累资产、创造价值，这才是我们设计的真正目的。

程瑞芳：所以，从衣食住行的角度来看调情，其实就是调动人的情绪，调动人的五感。

邵隆图： 你刚才说的铅笔就是调（diào）动观感和触感，它既有视觉的元素引导你，同时还用触感引导你，即使是盲人也能感受到。三角形的笔本身就有些阻尼，便于把握，使用时就更方便了。我这里也有一套铅笔，但是它看起来很像世界地图（图33），你哪里能想得到这是一排扁方的彩色铅笔呢？我们很多设计师使用铅笔，但并不知道铅笔是怎么做出来的。铅笔是用两层有槽的椴木板粘合起来的，有专门的铅笔板厂，还有专门的铅笔板机械的制造厂，进行工业化规模生产。

还有这一套号称全世界最贵的铅笔，这套铅笔有深浅不同的颜色，有 HB、2B 等不同硬度的深浅色，都可以搭配。经过设计后，笔杆颜色

图33

浅的是 H，深的是 B（图 34），一目了然。而且这些笔是有点分量的，以显贵重。笔套表面镀银，里面拔出来有卷笔刀。铅笔的后面还可以旋转出来，里面有橡皮擦。橡皮擦用完了还可以换，这就是设计。当然，这不是一家公司可以完成的，这就是混搭、跨界，再不是原来单一的产品了。原来的产品模式已经无法满足人们所有的需要了，跨界协作，才可能真正调动五感。

我们很多设计师都是绘画出身的，以为视觉最为重要，除了视觉以外，他们不知道还要调动用户的听觉。比如香水瓶，无论你以什么方向盖上盖子，它都可以自动定位到同一个位置。原来里面有磁铁，盖上会

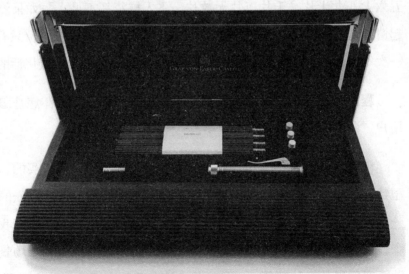

图 34

有轻轻的"嗒"声，瓶盖和瓶身吸在一起，使用非常方便，这就是产品听觉带来的品质感。但这也不是一家公司就可以完成的，需要许多行业协作。这也是我们常说的供给侧以及现在的"工业4.0"。我以前说过"傻、大、黑、粗"的大工业生产时代结束了，现在需要"小、薄、轻、软"，要向"新颖、巧妙、美观、人文"的精细化方向发展（图35）。

程瑞芳：刚才我们从两个方面讲了什么叫作设计。一个是颜值，也就是形式，还有一个是内在，也就是功能。所以一个产品，你可以先用形式去调动消费者的五感和注意力，然后用内在功能和组合去满足消费者各种各样的需求。

邵隆图：当然颜值是第一影响力，其次是内在。有一首很能"调情"的诗，是描写雪花的，内容是这样的："一片两片三四片，五六七八九十片，千片万片无数片，飞入梅花都不见。"如果没有调动起情绪来，一眼望去不会觉得丰富有趣，又怎么会打动人心？只有一次又一次不断地给人以惊喜，情理之中，意料之外，才能产生量化后的质变。

程瑞芳：涛哥，对于我们这个主题您是怎么看的呢？您是怎么去和用户"调情"的呢？

谌涛：我有只小木鸟是我去日本的时候，看到就很想买的。它的造型特别优雅，很多人都以为这只是一个摆件，其实它是有内涵的，它是一个鞋拔子，放在玄关处，我们可以去转动，去玩一玩。所以我觉得这个设计作品"调情"调得恰到好处，特别自然。这种用品和场景的设计关系我觉得是一种智慧，一种巧思，这是我特别喜欢的地方（图36）。

图 35

图 36

程瑞芳： 很棒！这个调情确实具有巧思，自然而到位。

邵隆图： 你给我看的是件木头制品，我也给大家看2件木头制品（图37）。我有一个苹果，还有一个梨，它们除了是摆设，还有什么功能呢？它们能让我们看到自然形状，但它又有自己的功能，可以装盐、胡椒粉等调料。它们是一对调味瓶，底部有一个洞，可以打开。一个孔就可以解决问题，非常简单。但如果放在餐桌上，就比使用金属、玻璃材质更

图 37

加亲切、自然，和你刚才的小木鸟一样。所以同样一件东西，它可能有其他方面的功能。

另外，我还有一个苹果，是不锈钢制成的。你很难猜得到它是一个首饰盒。它看起来很平常，里面可以放戒指、项链这种小物件，同时，放在家里做装饰品也很亲和。

这些就是我们设计的意义。

程瑞芳：所以这一类的设计都属于同一种表现形式，但又有不同的功能。然而由于它们的材质不同，属性也各不相同，这非常有趣。

邵隆图：我们常说，设计和工业门类的发展成正比。如果离开了工业基础，它很难有发展。比如玻璃，大面积的玻璃工业化量产不到200年，但是通过玻璃我们改变了这个世界。曾经有个朋友这样问我："你看外滩的建筑，为什么玻璃窗都那么小？"从上海1873年在"外滩源"造的第一幢建筑算起，一共25幢建筑，它们的墙都特别厚，石材大部分来自福建，由外国人设计，中国营建商建造。至于玻璃窗小的原因，其实是当时浮法玻璃、钢化技术还没出现，所以那个时候的玻璃都很薄很小。现在技术先进了，能够做出19毫米厚的钢化玻璃，你可以站在上面随便跳都不会碎。所以我们设计师必须了解工业的发展状况，要懂很多方面，工艺、材料、时间、技术、成本、环保、法律，设计和工业发展是相辅相成的。当然最重要的还是需求，顾客的需求是我们的终端，如果你不了解这些方面，只是画一张设计图又有什么意义呢？

也有不经意间做成的设计。像这段木头（图 38），我从澳大利亚买回来的。它其实是一段四分之一块的普通木头截面，运用了工业生产里面很重要的线切割原理进行切割处理，就可以变成一座城堡摆设了，很有趣。所以设计在我们的生活中无处不在，人人都可以做设计师，关键是要有兴趣。最重要的是要让人们对创新产生兴趣，这样审美意识才能逐渐提高，只有大家都热爱生活了，我们才会有新的需求和市场。

程瑞芳：一个好的设计，不一定是设计师才能做，其实每个人，如果对生活充满热爱，对工业有了解，对材料有所了解，对美有所追求，都可以成为一个设计师。

前几天我正好去一家素食馆吃饭，我发现他们的盘子非常特别，表面很光滑，但是背面有纹理，为什么有纹理我也很奇怪。很巧的是，无意间知道了这个盘子的设计师竟然是涛哥，下面我们请涛哥来讲讲这个盘子的故事。

谌涛："调情"可以调在面上，也可以调在背后。像这个盘子，其实在面上看不到调情的地方，但是在背后有很多波纹，这些波纹是为了在

图 38

端拿的时候产生防滑的作用，还有在清洗的时候，它也可以让人有所把握。还有一个功能，就是在清洗盘子的时候，容易破损的地方是盘子的最外圈，所以盘子最外面一圈的波纹是比较厚的。像这样的设计，就是我们可以把情调在不同的地方（图39）。

邵隆图：像这个碗（图40），很普通，表面没什么，但是里面涂一点不同材料，它和谌老师那个盘子一样，调情，调在里面。这种阴阳、黑白、金银的关系，就是设计。是日本人喝抹茶时用的，非常有趣，而且也有深意。所以很多设计的调情都很含蓄，调在背后。

图39 　　　　　　　　　　　　　　　　图40

还有，声音也是可以调情的。我这里有一个日本钹（图41），敲击时声音十分悠扬，可以持续一分钟。这跟冶炼技术有关。

同样的，这两个酒杯（图42），碰一下，声音也很清脆，和杯壁厚薄不无关系。所以，设计不仅是调动视觉，听觉同样是要去调动的。但很多时候，我们只注意到了酒，却忽略了酒具和酒器的设计，忽略了酒在酒杯里才能晶莹剔透，忽略了用品相好的杯子觥筹交错才能调动情绪。

除此以外，味觉和触觉也很有卖点。比如，女孩子在夏天喜欢吃冰沙，水结冰后磨成沙，上面放点赤豆、绿豆还有草莓等，看上去很诱人。我之前做过一个实验，让大家买两碗冰沙，吃一碗，另外一碗放一个小时以后再去吃，很多人都不愿意吃了，因为溶解了以后，浑浊的水面上浮着一些赤豆皮、绿豆皮还有草莓，看起来很污。其实冰沙本质上出售的是温度，温度也能调情，因为它有触觉、视觉、味觉

图41

图42

和嗅觉。所以我们不要简单地以为设计只是一个画图的问题，它和我们的生活息息相关。

  程瑞芳：我们的很多生活方式和产品材质相关，和工艺技术相关，有的时候和我们的温度也相关。那么说到这点，我们再请涛哥和我们演示他的另外一个作品。这个作品我也曾有幸获赠，是全球典藏版的一块手表，据说这块手表是有温度的，手的体温可以把这块手表变得更加美好。那么请涛哥和我们讲讲这块有温度的手表吧（图43）。

图 43

谌涛：这块表是去年做的，这个表盘是一个地球的横切面，表盘上有很多小字，一圈圈，标注了地球的地心、地幔、地壳，就是为了让佩戴的人能够时时关注我们的地球、我们的家园，关注环保，热爱生活。同时，这个手表的材质是用硬木做的，木头和人的身体接触会让人觉得很舒服，戴久之后手表会变得越来越有光泽，看上去也越来越漂亮。根据热胀冷缩原理，它还会不断调节零件之间的缝隙，所以会越带越舒适。

另外还有一块手表，它是一个闹钟，是我某个周末在鹦鹉螺集市上买的，这块手表有意思之处在于，它是用废弃易拉罐的罐底做的，这些手表都是残疾人做的，是一个残疾人工厂生产的。这块手表的另一个特点是，我可以根据我的心情去更换表盘，可以换红色的、蓝色的、绿色的等，变化无穷，因为它里面有一个结构，可以卡进去旋转，从而变换表盘的颜色。

邵隆图：买手表其实买的是设计。比如SWATCH，可以像买邮票那样一套套地去买。设计让手表不再只具有计时功能，它还与衣服、温度、气候、心情、环境、对象有关。所以设计大有空间。

设计还可以创造秩序，便于管理。我们中国人多，集中吃饭难免要排队，还要抢占座位。这个纸质托盘，是我十多年前在东京迪士尼买的，我发现用这个东西基本不用排队。这样一个纸质托盘，经过设计，就变成了一个可以盛放4份比萨、4个杯子的工具，这样一来4个人的食物一个人就可以轻松拿走了。设计解决了很多因排队拥挤而产生的纠纷，提供了便利，提升了纪律性和效率性，又很环保。

　　所以这不只是一个托盘，更是一个整合的观念。设计可以帮助我们去整合、去管理，并创造一种新的秩序（图 44）。

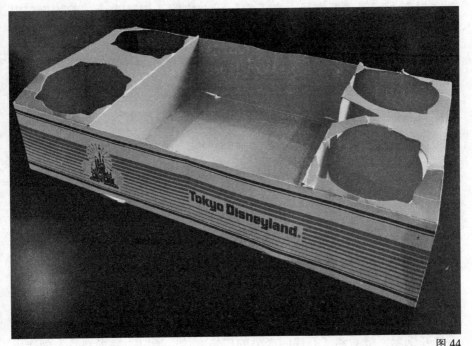

图 44

　　还有星巴克（Starbucks）的咖啡杯，别看这只是一个小小的设计。美国人卖的咖啡为什么能够和欧洲的咖啡竞争？星巴克刚问世的时候，谁认为咖啡还能这样喝呢？咖啡应该有环境、氛围、灯光、桌子、桌布、花卉、点心，非常讲究，现在竟然能拿在手里在马路上边走边唱。美国人就创造了这种能把咖啡带着走的体验。它的杯子设计有各种各样的尺寸规格，还包括有瓦楞的防烫杯套，都是配套设计的。同时，这又是一个自媒体，能方便地带着走。所以我认为这些都是非常好的设计。

　　谌涛： 我在邵老师这里还发现一件宝物，能向大家介绍一下吗？

　　邵隆图： 这是一件很普通的小物件（图45），是一块平平整整的锡板，我在封套上写了"形有尽，意无穷"六个字赠予谌涛先生。因为你可以将这块锡板凹成任意形态，变成各种形状的容器，菜碟、茶杯、烟灰碟、水果盘等，它只是一个形，但是它又可以被赋予无穷无尽的使用价值。所以我写给涛哥的这六个字意在表明：形是有尽头的，但是创意是无穷的。我建议我们的设计师要多开动脑筋，设计是大众的事情，要让更多人都参与设计，这才是我们举办这个节目的目的。

　　我再说一个设计，石库门上海老酒，我们用外滩的题材做了一个小的酒瓶，但是如何去展示呢？这个包装盒边上所有的外滩建筑都是用铜版画画的，但是由于体积小，难以让人感动。所以我们设计了一台钢琴架，里面的琴键是25个画着外滩建筑的白色酒瓶，我们要求这个钢琴架在打开的时候会响起音乐、亮起灯光。声、光、形、色共同演绎一首经典的浪漫舞曲。这些钢琴被摆放在外滩石库门的这些历史建筑里，来参观的人们顺手打开钢琴，就看到了石库门老酒的广告宣传。所以，需求都是人创造出

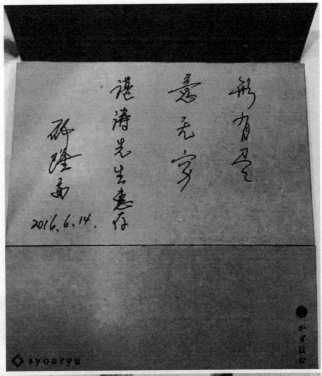

图 45

来的。而通常，我们的设计师往往画上一张图，就以为设计完成了。如果没有提出更多的标准和要求，执行时不深入跟进，不断地试验、调整，不提出创意设计需求，那么这台做出来的钢琴架，也许就是没有声、光的一个木盒子，当然也无法调情（图46）。

设计师不光要会设计，还要学会调动顾客的情绪，同时要学会去和执行的人沟通，把很多工艺、技术、产品重新整合起来，学会去调动五

图46

感的情绪。如果你不会调情，你的作品就还是缺乏生命力，你要赋予它更多的意义。所以设计师要热爱生活，要去多看一些好看、好用的东西。那些能够令人感动的东西才是好的东西。

程瑞芳：最后来总结一下，我记得英国有一位很有名的设计师，叫戴森爵士（James Dyson），他曾说过一句话："其实我们没有做什么大事，我们无非是关注了被人们忽略的生活细节。"所以才有了他的一系列创新设计。

高圆圆在拍的一部广告片里面讲道："如果生活只剩下平庸的设计，我就宁愿一丝不挂。"所以我们设计师要去做什么呢？就是要去颠覆日常，颠覆平庸，重塑生活，优化我们的生活品质。生活除了诗和远方，还要有设计，去调动用户的五感，懂得与用户调情。这样我们的生活才能变得更优质，设计才能变得更美好。

谌涛：情有尽，意无穷。生活中需要很多的情趣，其实更多的是需要对生活的热爱、具有智慧的头脑和一颗有趣的心。

邵隆图：调（tiáo）和调（diào）是一样的，要不断地调动人们的情绪，这是设计的目的。其中视觉、听觉、嗅觉、触觉、味觉都是需要我们设计的。

扫一扫，观看完整视频

匠心（上）

| 主讲：邵隆图 |
| 主持：程瑞芳 |
| 嘉宾：李守白 上海守白文化艺术有限公司艺术总监 |

程瑞芳： 这次我们请来了上海著名的重彩画家、海派剪纸艺术大师李守白老师，和邵爷一起跟大家分享他们的日本匠心之旅，他们在日本的所见所闻，以及他们的收获。

今天的话题是匠人精神，李克强总理在政府工作报告中说过一句话，他说我们要"培育精益求精的工匠精神"。刚好邵爷这次的日本之旅深有体会，回来的时候我们就想要做一期主题为"工匠精神"的节目，所以今天我们就来聊一下什么是工匠精神，什么叫匠人。

邵隆图：其实我去日本很多次了，这次跟守白先生一起去，是受中日文化使者王超鹰老师的邀请（图47），去拜访十二位日本国宝级大师。去之前做了很多准备，想看看他们是怎么钻研技术的。

这次去京都看了铸器、漆器、瓷器、木雕、造纸、制毛笔等传统技术。在旅行中感受到的都是"匠人精神"。听说日本有一个严格的规定，就是只有当一位"大师"过世以后，才能再任命另一位新的"大师"，这是比较严苛的。他的技术是受国家保护的，称为"人间国宝"。

图 47

现在日本国宝级的东西也不是很流行，年轻人也未必喜欢。但这种工艺品是一种历史、一种记忆、一种技艺，都很珍贵地被保存下来。

在日本，所谓传统工艺品，必须符合以下条件，才能成为经济产业大臣指定的产品：1. 主要在日常生活中使用；2. 主要工序是手工制作；3. 采用延续 100 年以上的技术、技法进行制作；4. 采用 100 年以上一直使用的原料进行制作；5. 产业已经形成一定的规模。这些标准很值得我们去思考。

程瑞芳： 没错，像邵爷所讲的，在日本有很多大师级的匠人被保护得很好，那么守白老师觉得什么样的人才能被称为是匠人呢？中国的匠人跟日本的匠人有什么区别呢？

李守白： 很荣幸这次能跟邵爷一起去日本，我十多年前也去过日本，这次算是故地重游，把日本的工艺重新认识了一遍。在我看来，这次看到的所有东西都万变不离其宗，保持日本一贯的技术方法和水平，没有太多的惊奇，但是不管是以前的，还是现在的，他们的工匠精神都值得学习。为什么我们现在一直在说"匠心"？

其实中国和日本在某些工艺制作上都有传承。但是日本还是有很多值得我们学习的地方，他们会内省，而且有担当，他们认为做出的东西要对得起自己。日本吸收借鉴其他国家文化的能力很强，它把中国和欧洲国家的一些工艺技术全部吸收为己所用，而且输出十分兼容。那么我们要学他们的兼容，他们的仁和。我理解的他们的匠心，是一个奶酪工程，是把所有的牛奶吸收后提炼出一块奶酪，匠心也就出来了。

我这次去日本最大的感受可以用两个字描述：见真。我们在无意中走进了一座寺庙，除了围墙，什么东西都没有，很空旷，屋里是榻榻米，你要脱鞋子进去。唯一的装饰是屋中间两个大字"见真"，这两个字的笔画吸引了我，因为是繁体字，扁扁的，和日本建筑的形体很像。一开始我把它和建筑联系起来，后来发现这和"匠心"两个字不谋而合，因为真正做到了匠心，你就能把东西拿出来给别人看了，也就是"见真"。

程瑞芳：刚刚守白老师说，"匠人精神"就像块奶酪的制造过程，要把有营养的东西全部吸收进来，用心去做，这个过程中还要提炼发酵，最终成"匠心"。那么我们到底要提炼什么，发酵什么呢？

邵隆图："匠人精神"其中的"匠"字，在以前多是指木匠、漆匠、铁匠、泥水匠等这些做下等手工体力活的人，所以很多人都不愿意成为"匠"而只想成为"师"或"大师"。但是真正的大师并不简单，他不仅具有很高的造诣，而且拥有高尚的人格。这次我在日本听到最多的一句话是："这是我们向中国人学习的。"很谦虚的心态。比如，我们中国有景德镇的青花瓷器，我们很自豪。日本也有著名的红色九谷烧，要花很多功夫制作，一笔一画，画得丰满又对称。他们说："日本没有高岭土，做不出很白的青花瓷器，所以我们只能画满纹样来弥补不足。"这反而自成一派，享誉世界。

李守白：我觉得日本人扬长避短的设计方式很好，像刚刚邵爷讲的，因为日本没有高岭土，所以瓷器做不到这么白，他们就把瓷打碎后混合在一起用，所以肯定会有斑斑点点，然后再通过细描的绘画手法，掩盖那些裂痕，形成自己的风格。所以我觉得日本人聪明地把丑陋的东西遮盖掉，把亮丽的一面展现给我们。

邵隆图：漆匠也是如此，我公司有好多个漆器食盒就是从日本买的，一个漆盒要五千多元，不便宜，但我喜欢它们的精致。制作这些漆器的大师也亲自跟我合影、签字（图48），表示这些漆盒都是他做的，并且告诉我其中一个漆面有一点小瑕疵，需要重新帮我修好后再给我，很认真。他还毫不避讳地告诉我说这东西是从中国学来的，关键是他学来的东西能够超越我们，这让我很惭愧。

李守白：木雕也是，在日本做木雕的匠人说黄杨木雕是从中国传过去的，他们还说，老祖宗是中国人，但是日本的仿造品超越中国。他们那里有一种浓郁的制作氛围。

图48

程瑞芳：所以，相比我们的匠人，他们匠人的态度更谦逊，就像《诗经》中说："有匪君子，如切如磋，如琢如磨。"那么再请邵爷跟我们谈一谈日本这种匠人精神，具体是什么样的精神呢？

邵隆图：我买过一本《匠人精神》的书，书里内容光木匠的工具介绍就有很多。又比如上海迪士尼的雕刻师，光做石头雕刻所用的工具就五六十把。

现在我们国家也在号召"匠人精神"，这绝不仅仅是技术问题，更是态度和观念问题。这次我和我的助手在日本十天内一共拍了一万多张照片，我们回国后，做了一些小小的整理。我们发现照片里面展现出有趣的"匠心精神"，它其实不仅是讲技术，更是态度和观念的问题，我们整理了八个关键词：热情、认真、执着、精湛、细节、奉献、勤快、守序。你想成为一个国宝级大师，匠人精神离不开这些内容，下面用一些图片进行说明。

第一是"热情"。我想起英国最有名的贵族学校伊顿公学，他们培养孩子的三大能力，第一就是要有"热情"。不管你处于什么位置，热情是最重要的，有了热情，就会主动做事情。第二是"执着"，也就是持之以恒。第三是"奉献"。其实伊顿公学所谓的贵族精神与我们倡导的雷锋精神是一样的。如果我们的家长把孩子送到这所贵族学校去，他们可能会抱怨，因为学校会一天到晚让他们干吃苦的活。所以在国外的孩子可能要比我们在国内的孩子更辛苦，因为国外什么事情都要自己做，所以有热情很重要。

　　比如我们在日本超市买东西，每个店员都充满了热情，笑容满面，因为他们要卖东西给我们。当她们把产品先包装完成之后，却又得知顾客要每个产品都分开包装，会不厌其烦地拆开再一个一个包装好（图49）。

　　还有一个老太太，我在她那里买东西时少拿了一件，她便追出大概200多米的距离，问我是不是买了十件，少了一件，当我发现真的少了一件，她就把那一件交给了我，还不停地道歉，很诚恳，很热情（图50）。

图49

图50

我们在旅途中碰到一位导游小姐，她非常热情。有天下雨，她在游客下车的时候会帮大家撑伞，对每位游客都微笑（图51）。在我们看来，她是美丽的，好看的，并不因为她长得漂亮，而是因为她的微笑。又比如在上海迪士尼乐园里面，美国人会对中国人说："演出马上就要开始了，你准备好微笑了吗？"所以我们要学会微笑。

这张照片上的女服务员在我们路过的时候，不停地请我们品尝她们售卖的食物，我拒绝，但她还是非常热情且有耐心地要我们试试味道，态度非常好，我被她的热情感染了，一高兴就买了她很多东西（图52）。

程瑞芳：所以热情是有魅力的。

邵隆图：热情真的有魅力，能够包容很多事情，解决很多问题，所以我们要学会包容，要有热情。

程瑞芳：那守白老师怎么看待这个"热情"呢？

图 51

图 52

李守白：我觉得对待一份工作，热情是第一位，有热情才能把事情做好。

邵隆图：这张照片是我们要离开酒店时拍的，当时我们准备九点半出发，这位大师级的教授指田老师不到九点就在酒店门口等我们，送我们去搭巴士，和我们道别。她是日本传统工艺品协会的秘书长，今年60多岁了，日本武藏野美术大学毕业，是王超鹰老师的学姐，有三十多年的从业经验，熟知日本传统艺术品的历史，这次全程陪同我们参观十天，十分热情（图53）。

图 53

刚才讲的是"热情"，现在讲第二个词，就是"认真"。

在中国，街道边有很多垃圾桶，但有些地方的环境还是不干净。但是在日本，你会发现街道上根本没有垃圾，为什么？因为没有垃圾桶！你找不到地方扔，也不好随意乱扔，反而会自己随身带垃圾袋并把行程中产生的垃圾分类处理，这就是便于管理的设计。

所有的厕所，没有任何异味。因为听说日本的学校是没有校工的，从小学到大学，都是学生自己打扫厕所，他们自然而然养成了从小讲卫生的好习惯。

这次我们去日本多数是下雨天，但看到很多园艺工人冒雨进行绿化养护，他们穿着紧身的工作雨衣，腰上挂了很多工具，全副武装，我想一定很重，但只有这样才能更好地工作，这就是认真的态度。所以日本的绿化情况非常好，是有原因的（图54）。

更让我感动的是，这些园艺工人修剪好植物之后，认真地清理剪下的枝条，全都清扫到开来的车上并带走，地上不留下一片叶子（图55）。而反观我们国内的一些园艺师，只是把修剪下来的枯枝败叶堆在一起，清理的工作推给物业公司来处理，物业公司又不了解情况，用铲车粗糙地铲去垃圾，结果把草皮铲坏了。所以要明白一个道理：我们做事永远要把下一道工序当作顾客来对待，对每一道工序都要有担当、有责任心，关心到别人的感受。这些细节在工作中很重要。

李守白：我这里也有一个故事，我有一位同学，他在日本待了二十多年，在做广告公司，我们谈到他的一名员工，已经确诊得了癌症，在接

图 54   图 55

下来的一个星期就要住院手术了，当时还在公司加班，写着长长的报告：交代接下来的客户要怎么联系、上司还需要他做什么以及正在做的项目做到哪里，等等。他把所有要交代的工作都交代清楚才去住院。这种对职业认真的态度，就是我们所说的匠人精神。

程瑞芳：认真，就像邵爷所说的把每个环节都当作内部的客户来对待。

邵隆图：还有很多感人的事。一天我们经过一个工地现场，我隔着围墙看进去，里面一些工人腰上也挂满了工具，看上去沉甸甸的。古人说："工欲善其事，必先利其器。"他们的工具都是自己备好的，有些甚至都是自己做的（图56）。

日本有很多沙石路，走在上面会有声音，这是安全设计，只要一走路就会有声音，近距离的人就知道有人过来。沙石路使人跑不快，能防盗、防刺客，而且下雨积水能够很快渗入地下，还能防涝。

那天刚下完雨，沙石路上还很湿，我们远远看到这几个人蹲在地上，我很好奇他们在干什么。走近仔细一看，才发现原来他们是在拔草，穿着统一的工作制服，每人一个垃圾袋，蹲在地上一棵棵很认真地拔，其实地上看起来是很干净的，但还是会有小草长出来，雨水充沛的时候就会长得很快，所以要在草很小的时候就开始拔，以此来维护沙石路，日本之所以整洁真的是有道理的（图57）。

图56

图57

　　我们在乘坐大巴的旅途中喝水吃东西，难免会有一些瓶瓶罐罐的包装垃圾，陪同我们的是一位年纪较大的女导游，温文尔雅。等我们到达目的地都下车的时候，她会拿着一个大的透明垃圾袋在车门口等我们（透明是因为便于垃圾分类），方便我们把垃圾扔进去，等我们都离开后，她还要拖着垃圾袋重新回到车上再检查一个个座位，看是否还有遗漏的垃圾。这就是认真的态度。

　　第三个关键词——"执着"。举一个例子。我们这次在日本街头行走的时间比较多，偶然发现街边、楼下、路旁、酒店外都有十分醒目的消防水龙头（图58）。于是想到上海的高楼很多，消防水龙头能承受多大压力、能上多高的楼层呢？可能只有消防队才知道，老百姓不在意这

图58

件事，甚至都不知道消防水龙头在哪里。而我们在日本看到的这些消防水龙头，每一个都锃亮、干净，大都是用优质的不锈钢材料制造的，当地可谓相当重视。走近细看，不同的区域、楼层都配置专属的消防水龙头，每一个龙头的水压都标注得清清楚楚，还标注着紧急电话跟内部结构图。这些装置如果没有设计者、执行者、管理者、维护者共同秉持的"执着"精神，怎么可能实现得这么好？这一切都是设计，设计在市政建设中同样重要。

第四个我要说的是"精湛"。这位是做螺钿、漆器的日本国宝级大师武藏川先生（图59），他的每一件漆器做起来都非常繁复，需要一整套工具、精细的手工和极大的耐心才能完成。虽然现在有很多新的材料和工艺可以取代它，但是对于漆器这种传统手工艺来说，这种精湛的技艺还是很受国家重视的，因此才会传承下去。

李守白：我们去拜访这些国宝级大师的时候，他们会很耐心地演示给我们看，每一套应该怎么刻、怎么做，每一个步骤，从头到尾都会毫无保留地告诉你，而且什么事情都亲力亲为。我们后来遇到的一位大师，因为之前都没见过面，大家并不知道他是大师，我们以为他只是个接待人员，他先来接待我们，开车送我们去展览馆，之后又引领我们去展厅参观。没想到一坐下来，他马上开始提笔画画了，原来他正是我们要拜访的一位国宝级大师。天气很热，他还没来得及擦掉头上渗出的汗，就开始给我们演示作画，还热心地给我们签名。他们的精神真的很可贵。

邵隆图：现在写毛笔字的人愈来愈少了，毛笔被水笔、圆珠笔、海绵笔给取代了。我们这次在奈良拜访了一位制作传统毛笔的匠人，是一位有些年纪的妇人，她也是位国宝级大师。她一生都在研究各种毛，很执着。后来我买了她十二支手工毛笔，一是因为欣赏她精湛的手艺，二是因为她很认真执着，让我深受感动（图60）。

程瑞芳：所以邵爷，看到这些跟您差不多年龄的匠人，相比之下，您觉得中国匠人跟日本匠人之间最大的区别在哪里？我们到底要向这些匠人学习些什么？

邵隆图：生活中我们经常碰到些很骄傲的人，其实内心往往是极度自卑的。所谓妒忌心、不满意之类的表现，都是源于自卑心理。古人云："有心栽花花不开，无心插柳柳成荫。"一个人，心里刻意要做成大师，其实很难，很多真正的大师都是不经意间成就的。

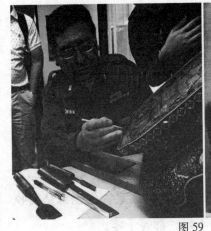

图59　　　　　　　　　　　　　　　　　　　　图60

程瑞芳： 艺术圈也曾经存在一个误区，就是有段时间是瞧不起匠人的，觉得匠人是没有思考力的工匠，像铁匠、漆匠、木匠之类，所以邵老师是怎么看待"匠人"的呢？

邵隆图： 首先，刚才说的认真、热情、执着，都是很重要的，否则就做不好这件事情。然后，要学会换位思考，你的作品再好，也要有人喜爱，要从市场的角度，用同理心去换位思考这些问题。其实这些在我们生活当中比比皆是。这次我们在日本，早晨 7 点多，吃过早餐，马路上人还比较少，李大师已经在街头开始画速写了。"拳不离手，曲不离口"，这就是匠心精神。

李守白： 画画比拍照有趣多了，因为我喜欢画，而且画出来自己印象会更深刻，比拍照印象深刻得多。

邵隆图： 我认为匠人有一个素养问题，现在很多大师一辈子都没做过几件事，可能只是因为某次抓住机会得了奖，但如果没有数量的积累，很少能够真正成功。

例如剪纸，这次在东京举办的《中国纸艺展》，海报上就是李守白大师的剪纸《午后时光》（图 61）。大家有机会可以去李老师在田子坊的"李守白艺术中心"看看。他工作的时候十分认真和执着，这种情怀才是匠人最重要的素养。

在中国的字典里，旧时手艺工人称为"匠人"，可见，很多有创意的东西，是需要手工做出来的。现在我们一直在讲创意，但创意是要执行的，再好的创意没有执行，或者执行得不好，都等于零。

　　创新三个要点：创意、执行、推广。大师们除了创意以外，都十分关注执行，而且会持续跟进，不断纠偏、改进、积累。比如说漆器，要下很多功夫。漆品上面的螺钿，要一片片切割成需要的碎片形状，再用很小的钳子逐个粘贴上去，连粘贴的胶水都要慢慢烧熬，还有无数道工序，需要不停地上漆、打磨，非常耗时。但是因为内心由衷喜欢，才做得如此精美。

图61

其实在我们中国也有很多好的作品，比如这套漆器食篮包装的白瓷茶器（图62），同样是上海出品的，它是蒋琼耳的"上下"品牌，你看这个漆盒背面是香樟木的，很干净、很圆润，漆盒工艺也做得很好。中国文化源远流长，很多执着的工匠精神都源于中国，但是为什么我们以前做得好，现在反而做不好了呢？我们现在标准太低了，做的东西都马马虎虎，产量很高，质量很差。现在终于产能过剩了。应该在原来的基础上精益求精，工业4.0和供给侧改革就是这个道理，从源头开始抓产品质量，要有匠人的精神。

程瑞芳：我们现在发现匠人精神越来越回归到大众的视线当中，是不是之前我们把五千年的宝贵文化丢失太多了，所以今天是一个很好的机会让我们重拾这些文化。邵老师，您觉得在当代社会，这个直播满天

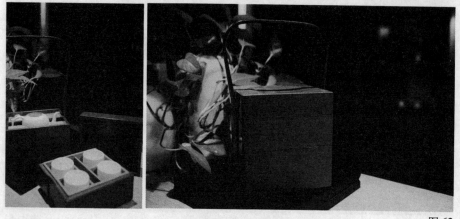

图62

下，网红很流行的时代，我们怎样才能重拾这种工匠精神、匠心精神，能不能帮我们总结一下。

邵隆图：李克强总理在政府工作报告中都提到了"工匠精神"，可见所有虚拟的东西还是需要实实在在去落地的，我觉得这里面不仅包括了技艺上的东西，更重要的是要有一颗踏实的心，要有热情去把它做到、做好，这就是真正的匠人精神。匠人在今后可能有很高的地位，现在社会很重视学历，但学历不是万能的，"万般皆下品，唯有读书高"的陈腐观念，必须彻底改变！

程瑞芳：所以守白老师，您觉得在当今社会，这个"匠人精神"应该怎样才能回归呢？

李守白：有时我们要反过来看。比如，齐白石其实是一位木匠，然后慢慢地成为一名巨匠。其实这都是自己定位的问题，到底自己的发展路线是什么，你可以选做工匠，但你也可以有一颗巨匠的心。我觉得当今社会发展很快，两只手是创造人类文化最伟大的工具，我们不可以忽略它们，否则谈什么匠心都没用。所以我们要捡起我们的手艺，用手艺为自己选方向。如果你想从工匠做到一名巨匠，你需要付出很大的努力。

程瑞芳：《诗经》中的那句话："有匪君子，如切如磋，如琢如磨。"这句话是说用心是最难的，只有用心才会有匠心。

扫一扫，观看完整视频

匠心（下）

|主讲：邵隆图|
|主持：程瑞芳|
|嘉宾：李守白 上海守白艺术有限公司艺术总监|

程瑞芳： 我们走进了李守白老师的工作室，邵爷和守白老师会延续上一期所讲到的匠人精神中的 8 个品质，继续和大家分享他们这次在日本匠心之旅的见闻与发现。

既然来到了大师的工作间，就不能错过机会，我们请重彩画家、工艺美术大师李守白老师给我们讲讲他工作室里面的几样宝贝。

李守白： 各位好，在守白公司，我们是用两个载体来表现作品，一个是海派的重彩，还有一个就是海派的剪纸。重彩其实是从传统的中国绘画传承下来的，我们在传统的工笔色彩上做了些改良，然后变化一些画的颜色和题材。比方说这张，画的是秋天的景色，传统画是很精细的，我在里面用一些油画的技巧方法，和中国画结合在一起，并且画在中国画的宣纸上面，这样处理出来的效果会不一样。这个里面，我觉得"匠心"和"工艺"的结合使这幅画有了改变，因为往往我们说绘画，除了注重工艺，还要具备一种匠心精神，细心地琢磨，加上热情。这种热情是对社会、对环境的热爱，有这种热情才能有自己由衷的表现。我在制作这些画的时候，往往有一种感觉，在做一件事物或创作一件作品的时候，有一种"无所求"的心态，完成后便"有所得"，也就是精益求精（图63）。

这张作品表现的是人物，画的是中秋节上海传统的生活场景——吃螃蟹，有砂锅，老鸭汤。画中的这个小孩子在长辈还没动筷时，安静地坐着将手放在桌边上。这便是家庭教育，把我们的传统习惯传承下去（图64）。

另外还有一种艺术就是海派剪纸。所谓的海派剪纸，跟我们传统的剪纸概念有些不一样，传统剪纸，它是用剪刀或是刻刀，海派艺术形式更强。我们说手艺好是指工艺好，海派剪纸不仅需要手艺好，还要有艺术含量。如果把我们民间的传统工艺比喻成一桌农家菜，那么我们现在要做的就是把农家菜升华成满汉全席。这就是将艺术提炼（图65）。

程瑞芳： 守白老师介绍了他的三件作品，是说一个真正的匠人除了要有匠心之外，还要有他独特的眼光，以及持之以恒地对事物的热爱和艺术的品位。要做到像守白、邵爷这样的大师，应该怎么想、怎么做才可以呢？

邵隆图：匠人也好，艺术家也好，我觉得最重要的是匠心，要有这种精神。这张照片是我在日本拍到的一个摆鞋的场景，我自己也多次碰到过类似的情况。我们在吃饭时，发现有人把我们脱下的鞋一双双头朝外摆好，我还以为是服务员，结果是顾客。他们都有这个习惯，把鞋头朝外摆好，穿的时候方便。

图 63

图 64

图 65

你看到这张照片里的人是老板娘。我们进去时鞋都乱放着，她一双双摆齐，就这样一个小小的举动，却很执着（图66）。

上次我们讲了热情、认真、执着和精湛，今天我们要讲另外四个关键词：细节、奉献、勤快和守序。

我们一直讲，会做事情的人眼里都是活儿，有做不完的事情。而一旦懒惰，觉得没什么好活儿，干什么都没劲，连赚钱都不开心了，生活还有什么意义。上班就是为了实现自身的价值，努力工作去获取相应的报酬，但是如果连这些交换的意识、职业的操守都没有了，生活就失去了希望。

这次跟守白老师一起去日本，早晨经常会在抽烟的地方遇到，发现他一直在画画，早晨7点就开始作画，画得很认真，一张张速写。日本人早晨起得很晚，大约10点才出门。我看到过很多所谓大师、艺术家，

图66

只有一张作品，有的作品是不错，但也不排除是因为碰到了好的机遇。我很少看到别人像守白老师这么勤快地一口气画了很多作品，积累了很多作品。所以这次我对他有新的认识（图67）。

李守白： 这个也是多年养成的习惯，小时候父亲总说：你要把别人喝咖啡的时间节省出来，你就可以不停地有自己进步的空间。我在日本时，朋友们都要买东西，我又没兴趣，于是我就干脆在外面等他们时画一点东西。我认为邵爷以前讲的《看见和发现》是很关键的。尤其是对于一个搞艺术、搞设计的人来说，如果要具备匠心精神，我觉得一定要有所发现，我每次跟公司的员工讲，每天来上班的路上都是一样的情景，有时候你会走得很烦，但如果你仔细留意，可能会发现垃圾桶旁边开了一朵小花，这样你的心情就会不一样，其实这是一种生活态度。

图67

邵隆图： 在日本我看到一些绿化的细节很有感触。在很多公共场合，许多花草树木都会有一块干净的专属牌子，这些牌子不仅是身份吊牌，上面还会告诉你品种、分布地域以及具体的用途：做盆栽、建筑、家具、船等，甚至于花开时的照片、观赏的最佳季节（图68、图69）。其实国内也有很多树挂了牌子，但是我们国内的园艺公司没有把它做深、做透，只是告诉你这棵树的名称，至于有什么用、怎么用，一般不会展示。

我的小孙子在国际学校读幼儿园，他们每个月都要去找五片不同的树叶。我当时觉得很烦，捡叶子干什么用，我太太跟我讲，关键还不能去树上摘，一定要在地上捡。捡起来要看这是什么叶，时间久了容易忘记就要重新记忆之前捡到的类似的叶子。久而久之也会认识很多植物。

程瑞芳： 其实你会发现同样是一个公告牌，在中国，很多公告牌会写"what（什么）"，但是没有告诉你说这个"what"跟人的关系是什么，无法跟人实现沟通和互动。

图68　　　　　　　　　　　　　　　　　　　　　　图69

邵隆图： 高质量的沟通是注重细节。比方说服务员在打扫酒店卫生时，因为不能确定客人泡在壶中的茶是否有用，所以，会在清洗干净茶杯以后，在茶盖上留下一张字条，你注意，这张字条是事先打印出来的，上面告知不清洗茶壶的原因，委婉地解决了沟通问题。就是这样一张非常礼貌的纸条使我感动不已（图70）。

再谈谈细节。马路上都有红绿灯，但在日本，绿灯通行时，还有轻快的鸟鸣声相伴（图71），因为不同的路口都有喇叭，用鸟叫的声音解决了沟通问题，也避免了车辆鸣笛的干扰，对于盲人来说这是非常有用的。这种鸟鸣的声音能使视障者安然地穿过马路。这些都是沟通的细节，喇叭、鸟鸣、文字全都是设计，也是人格平等、互相尊重的价值观体现。

图70

图71

你再看看地铁站内贴在地上的路标：女性专用车厢、优先座位。上面的图解即使不懂英文，不懂中文，不懂日文，也能轻易地理解。这"优先座位"的图解显然指老人、行动障碍者、孕妇和怀抱孩子的人，而且还特意告诉你在这个地方不能使用手机。因为手机的辐射会给孕妇和孩子带来不便，这些都是细节，也就是大设计（图72）。

地铁车厢内设计有镂空的不锈钢行李架，它就在座位上方，不是很高，举手就能拿到行李，边缘还能当拉手（图73）。所以设计不光是好看难

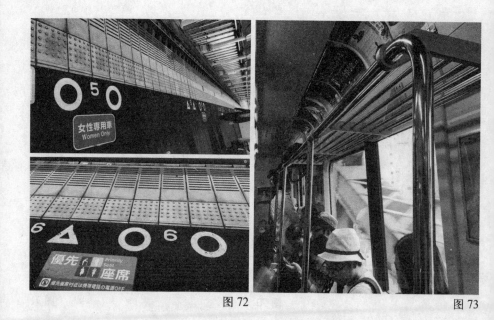

图72　　　　　　　　　　　　　　　　　　　　　　图73

看的问题，它要解决问题。国内的地铁中好像是没有行李架的，东西都放在地上，空间被严重挤占。

我们这次同行中有几位朋友在地铁里丢了四次行李，最后都找回来了。整理车厢的人会把它们放到终点，这就叫路不拾遗。

日本马路上是禁止抽烟的，你不能抽着烟在马路上走。但是我们到任何一个场所都能轻松地找到抽烟的地方，很人性化。

这几张照片，是我们在地铁站旁的一个工地现场拍的，那里是不准乱丢烟蒂的，必须要扔在固定的地方，这就叫管理。这两个烟缸是用铁皮做的，很大。走近后，发现真的很方便，这个大烟缸设计了一个夹头，到处都可以夹，很灵活，很人性化，便于管理，这就是设计。而且即使是工地上的烟灰缸也都很干净，都有人擦（图74）。

图74

便于管理，方便流通，激发需求，创造价值，积累资产，降低成本，这才是设计的全部目的。但是我们往往只盯着一点好看或难看，从来不注重哪个更便于管理。

在日本，规定允许抽烟的地方设计得都很体面。

这个是在名古屋国际机场里面（图 75），吸烟室里有自动售货机，不仅卖烟，还卖饮料。有自动点烟的设备，有大小不同的烟灰缸，有功率强大的排烟设备，没有任何异味，很干净，这些都是细节管理。

日本的垃圾桶非常干净。大大小小各种各样的分类垃圾桶，大部分集中在车站、机场、便利店等人流密集的地方。其他地方几乎看不见，找不到一个垃圾桶，没有垃圾桶就没处丢垃圾，也就没有垃圾了。

图 75

　　你看这些垃圾桶上有很多圆的、扁的、方的等不同形状的孔、图解和文字，告诉大家哪些是扔瓶子的、哪些是扔报纸、杂志、盒子的，其实这些都是设计。文字需要学习，而图解是不需要学习的。所以怎样的城市才是国际化的城市？不只针对城市的大小，更在于它即使在语言不通的情况下，通过设计都能顺利地完成这些信息的沟通，这就叫作国际化都市（图76）。

　　不管是产品还是包装，都有信息传递的功能。我们现在的设计师由于知识结构的缺陷，缺乏一些社会学、心理学、人文学、市场营销学的相关专业知识，说到底，就是对人的关注不够。如果设计师从洞察人性出发，做一些小小的努力和改变，结果就会完全不一样，这就是设计师

图76

的个人修养问题了。一个设计师的格局，与其从小成长的家庭、区域、环境、亲戚、朋友、兴趣、爱好等都有关，同时对他今后的设计事业有直接关系。

就像我们的高架总是堵塞，我想大概是因为早期建高架内环线时，设计高架的设计师，绝大部分是骑自行车上下班的，设计汽车走的路，当然是有困难的。

日本女厕所内洗手台上面甚至还有这样的小垃圾桶。女性相对来说会有更多小的包装垃圾要扔，比如棉花棒，纸巾等，这就是细节（图77）。

这是给婴儿换尿布的桌子，注意，旁边还有指定的塑料袋用来把换下的尿布放到里面，再扔到下面这个专用垃圾桶里，也是细节（图78）。

厕所门口的标识，有各种图解，细节到不同的坑位——日式的、西式的、蹲式的、坐式的、兼用的，还有女厕里的男童专用小便器，都用图解描述给你看，甚至上面还有盲文，都是细节（图79）。

听说日本学校里很少有清洁工，都是要学生自己打扫，所以日本人从小养成了注意如厕卫生的好习惯。日本的公共厕所自然也都很干净。

不管走进哪个厕所，都有挂衣服、放包、放手机的地方，纸巾充足。上厕所时可以轻松挂包，手机也不会掉落到马桶里，也不会碰到没有纸巾时的尴尬场面（图80）。厕所内还有音乐、流水按钮，这些声音可以消除大小便声音的尴尬。

程瑞芳：这个做得特别人性化，设计在于对细节的把握。

邵隆图：这么多的细节都是设计。有的设计师会说客户没要求我们

图 77

图 78

图 79

图 80

画，这是市场部要做的事情，需要市场部把开发产品的需求用文字描述出来，再请设计师设计执行。但是设计师也是生活的体验者，所以一个优秀的设计师首先是要热爱生活的。

程瑞芳：是的，设计是一个交互的过程。

邵隆图：对。再看这张照片，这是一张厕所的线路指引图，告诉你从四楼厕所到三楼厕所怎么走，哪条路最近，如果四楼厕所拥挤的话也不用着急，可以按指引去三楼厕所。这些细节真的让我非常感动（图81）。

盲道都尽可能地延伸到目的地的尽头（图82）。我们现在的交通大动脉到位了，静脉也到位了，但毛细血管的微循环还不行，就是指最后一公里的路，最后一根毛细血管。看看他们的盲道设计，每根都通向目的地的尽头。甚至于通到电梯口，售票室里面都有盲道，点对点！我们通常都说点、线、面，但往往只做到"面"，做到"线"已经很不错了。无数的点构成线，无数的线才构成面。很多人只知道点、线、面，却不知道点、线、面是怎样构成的。

再看这个盲文，这是新干线上的厕所，都用盲文详细地说明内部的布局，一切为了使用者的方便，我们无处不感受到人性化（图83）。

即使安放婴儿的宝宝椅，也有盲文，因为盲人也需要自己独立带孩子，只是需要更细节的沟通（图84）。所以在洗手池上方，SOS设备上，甚至座位的靠背挂钩上面都有盲文（图85）。大家如果观察我们国内的设施，就会发现有很多可以改进的空间和余地，有做不完的事情，也会有很多商业机会。

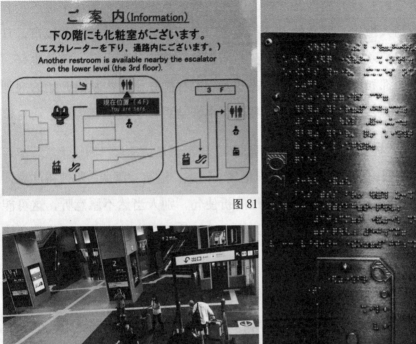

図 81

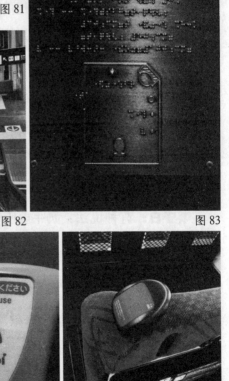

图 82

图 83

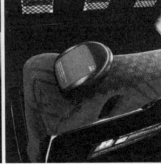

图 84

图 85

李守白： 我们国内在"匠心"这方面，从设计这一领域来说还没有真正做到人性化，所有的设计都应该以人为本。到国外的一些城市，日本的也好，欧美国家的也好，买东西也好，享受美食也好，旅游也好，方方面面都和国内有些差别。这些差别的根源在于国内从最开始的规划就是模糊的，没有换位思考，功能上也许是到位了，但在沟通上还有很多障碍。

邵隆图： 沟通有很多方法，语气、语态、语速、语调，都值得注意。人们往往比较多地使用命令语气的祈使句，别人当然不愿意听，这可能是因为大家精神太紧张了。如果换成委婉的语气进行沟通，可能就会让事情变得容易很多。

我是这样去理解的：像我们喝的牛奶一样，如果养牛的人紧张，牛也会紧张，如果牛紧张，那么牛奶就可能不那么有营养价值了。所以要让开心的人去养牛，牛也就会很开心，牛开心，那么产出的奶当然是有营养的。

李守白： 有种说法：奶牛要听音乐、喝啤酒、做按摩，这样产出的牛奶最好了。

程瑞芳： 所以细节还是要放在牛身上，目的是为了人的健康。

邵隆图： 下面再来说说"奉献"。我遇到了日本著名的"人间国宝"福岛武山大师（图86），长我一岁，很谦虚，很和气，也很热心，主动充当司机，大事小事都抢着做，甘心情愿为徒弟做铺路石，在展览会上把自己的作品放在一个不显眼的角落里，而把徒弟的作品放在最显眼的

图 86

位置上。我们因为工龄长、经验丰富，往往比徒弟道高一筹，但也要给年轻人更多的机会。我经常讲，高 1 厘米不要紧，高 2 厘米就绊脚，高 1 厘米叫铺路石，高 2 厘米就叫绊脚石了。所以我们做老师的要心静，看到年轻人成功，应该高兴鼓掌，这样更能够得到后辈们的尊敬。我跟福岛老师的徒弟沟通过，他很尊重他的老师。

我很感慨，这种高尚的品质是他一生心平气和地修炼所得。我们年纪大了，年轻人尊重我们，我们应该很主动地去帮助年轻人做一些事，不要贪图名利，计较得失。身体力行是应该的，我们身为长辈更要带头努力做事。

程瑞芳： 这一点我们一定要为邵爷鼓鼓掌。

李守白： 这次去日本，去很多地方都需要步行，邵老师一点没有输给年轻人，甚至走得更多，他因为喜欢看很多细节的东西，带着大家一直走，拍了一万多张照片。

程瑞芳： 其实邵爷的匠心也体现在他拍的每一张照片上，好多都是细致入微的，而且配上文字告诉你每个地方他的所见、发现。

邵隆图： 我跟很多年轻人合作过。那些人现在在很多领域里也都有所成就，在每一个人身上我都花过很多心血。因为我们年轻时很苦，没有师父带，五十多年来都是靠自己努力学习，所以他们在我身边的时候，我都会尽心教他们。

这是福岛老先生在画画（图 87）。前面守白老师也介绍过，这是用比芝麻还小的一根毛的笔画的，这上面的纹样都要连接起来，一个都不能出错。其实去年我就曾去日本拜访过福岛先生，当时，他特地在他的名片上为我画了一个头像，我还珍藏着（图 88）。

程瑞芳： 守白老师跟我们介绍下只用一根毛的笔来画东西的难度系数有多大呢？

李守白： 这个技术跟我们微雕技术的难度差不多，我们中国人一根毛的笔是画内画的（鼻烟壶）。而日本结合中国工笔画，在不白的瓷器上画出九谷烧的造型，因为他们没有高岭土材料，不够白，所以图案要画得很满，用很多的细节图案去掩盖器皿色泽的缺失。扬长避短，反而自成一派，也练就了这种"勾线"的风格和技艺。把这种平面的线条画在容器的立面上，可以上下、前后无缝连接和周转，这真是难度极大的，需要长时间的磨炼，方成一种技能。我看他们现有的几个徒弟也是很年轻的，也在外面学习，学得很不错，他们画的瓷盘和瓷瓶都很精细。

图 87   图 88

邵隆图：这就是福岛大师受爱马仕委托，画的九谷烧的表面，全球限量版，只有 19 块（图 89）。

李守白：这些底盘上的画都是一个个画出来的，这些图案都是连在一起的。我觉得日本人有强烈的渴望成功的感觉，所以他们才能持之以恒地去做这些事情。我以前还遇到过一位做模型的大师，做各种各样仿真的模型，你把它们拍下来放大，和真的一模一样。这位老人家更有趣，我们不知道他是位大师，他一直默默地在一旁做坯子演示，由于我们不大认识他，就没有人去跟他互动，回来后查资料，才知道他也是国宝级大师，叫木原行成，年逾八十，是九谷烧形制大师，有六十多年的形制经验（图90）。日本人能做到这样高的水平是真的不容易，这和日本家庭主妇做的

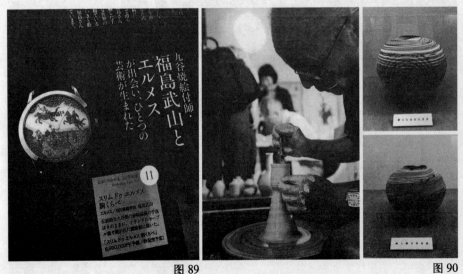

图 89   图 90

菜是一样的，家里请 10 个人吃饭，每个人 7 个菜配 7 个碗，一定要摆得很精致，而且不厌其烦地重复地去做。

邵隆图：不厌其烦，守白老师讲得很到位。

你看看这名导游，在大巴上与客人讲话都是蹲下来的（图 91）。在这次中日友好会馆举办的《中国纸艺展》开幕式上，这位翻译人员为了不影响嘉宾发言与镜头拍摄，毫不犹豫地跪在地上帮忙举话筒（图 92）。

我们在商店里买东西付钱的时候，营业员也是很自然地就蹲下来。这是一种习惯，丝毫不会觉得尴尬（图 93）。

下面一点很简单也很重要：勤快。勤快不是与生俱来的。

图 91 　　　　　　　　图 92 　　　　　　　　图 93

懒惰是社会进步的原动力。因为我们很多人懒惰，所以就有很多勤快的人会去帮助他们克服懒惰，这就造成了更多的人懒惰，没有懒惰，这个社会就没有进步。因为懒惰，就有了汽车；因为懒惰，就有了电梯；因为懒惰，就有了很多勤快的人。懒惰的前提是有勤快的人帮他克服懒惰。

那么请问：你愿意做懒惰的人，还是做勤快的人呢？我们心里都想做勤快的人，但是勤快也要有方法，有态度，有精神。

日本人吃饭是最繁琐的，这是我们在奈良公园的一家饭店吃饭时拍摄的照片，一顿饭每个人至少要二三十个碗，有这么多的碗要洗，需要很多人的劳动。我们大多数中国人在日本读书学习，空下来的时间就是在洗碗。有的人在上海一个碗都不用洗，去日本打工每天要洗6缸碗，这是在日本的留学生讲给我听的，手都被浸得浮肿起来。冬天也要不停地洗，而且必须要洗得很干净。他们洗碗都要按照步骤一步步来洗，否则就不合格，真的很苦。

这家在奈良公园里的饭店是由一栋栋独立的小别墅组成的，我们吃的东西都要从其他楼的中央厨房一盘盘端过来。服务员要穿着整齐的和服、白色的袜子跟木屐，下着雨，一只手要撑着伞，另一只手托着托盘，到门口后还要将伞收起挂好，还要脱鞋换上室内的鞋子再进来，到你手里的菜都是干干净净的、热的，笑容可掬，举止优雅，非常令人感动（图94）。

每个人都要用20多个碗，每次都要服务几十张桌子的客人，就这样跑来跑去，很辛苦。所以还是要勤快，这是一种习惯。

勤快就是不停地打理事物，我很高兴我的公司基本可以做到。我对员工要求很严格，我在公司不管大事，只负责小事，因为大事有总监会管理，我负责检查，连公司年轻人吃剩的饭菜、洗手间里的灯和台面上的水渍、大楼电梯间的卫生等都要管，以小见大。细节决定成败，有些客户就是因为这些细节，倍受感动，和我们签了合同。

这已经是晚上11点，马路上几乎没有人了，我们发现酒店门口还有年轻的清洁工人在勤快地工作（图95）。

图94　　　　　　　　　　　　　　　　　　　　图95

再仔细看，他们打扫卫生使用的抹布都很干净，即使很干净也还是要打扫！我们现在通常都叫"打扫卫生"，而不是"保持卫生"，注意，"打扫卫生"和"保持卫生"这两个词是有本质区别的。日本是在干净的情况下再打扫一遍，尤其注重细致入微。

而我们的员工往往是下班后，桌子上还是很杂乱，优秀的设计师下班以后都会把东西整理得非常整洁。如果连自己的东西都整理不好，怎么可能理得好别人的东西呢？特别是客户，怎么会放心地把自己的东西交给你来整理呢？

程瑞芳：对，邵爷说得非常好。很多细致入微的东西深入骨髓后，都会形成非常好的习惯和影响。

邵隆图：白天，我们经常在国内商场碰到一些拖地的清洁人员说，"请让一让，请让一让"，我是顾客为什么要让我们让？因为他们没有换位思考，因为急于下班，等不及顾客离开就开始扫地逐客。现在实体店里顾客都很少，这也是原因之一，这些都值得我们去好好思考。我们在发展，但速度太快了，现在都在说要"慢下来"，什么叫"慢下来"？不是让你做事慢下来，而是脑子要不停地动，再慢慢地改进做事的方式方法。

程瑞芳：所以"慢下来"不是让你不做事地慢下来，而是有品质地慢下来。

李守白：现在科技发展得太快，往往会让你忽略很多东西，高科技带来的方便似乎让你什么都可以得到。就像我旅途中会拍照，但是我还是要去画，因为我觉得拍照和画画是两个概念。我自己动手，画面总是会存在于我的脑海里，而且一些细节上的表现在拍照中往往会被忽略。所以邵爷所说的"慢下来"，其实是让人的心、手、脑、眼、口等各方面功能协调配合。

程瑞芳： 邵爷和守白老师这一点讲得特别对，我们要恢复心的功能、手的功能和脑的功能，要结合，要形成匠心的习惯。

邵隆图： 另外还有一个关于匠心的重要的关键词是"守序"。

日本有个最简单最方便的沟通方法：遵循箭头。他们的箭头随处可见（图96）。

图96

日本地铁上下通行的楼梯都设有栏杆区隔，并有箭头指引，你们看为什么要设计成下行宽、上行窄呢？我问同行的朋友是什么道理，基本答案是：上去要遵循先来后到的，下去时候往往是直达地铁，人们集中下去，所以这就需要下行通道宽一点。比较长的楼梯间隔一段距离就会有共享区域，也是考虑到交叉通行的情况。这是很重要的细节。一般情况下，人们只需按照箭头指引前行就可以了。

我们很多同胞一到了国外就变得很守纪，但是回到国内又忘了。就像外国人到了中国，也开始不守秩序了，可见人都是有劣根性的。在上海这种超大城市里面，这种设计显得尤为重要。设计师很多的工作就是要把设计做得便于管理。在日本，不管什么地方都有箭头，即使语言不通，只要遵循箭头指引就可以了。

就算没有箭头，还可以用其他的图标或图形进行沟通，这也需要设计，比如步行者优先（图97）。我们现在常说转弯让直行，大车让小车，但是马路上都没有文字、图形来约定，这是我们城市设计、市政管理应该要改进的地方。

日本从小就注重培养人的纪律意识。

我看到几位穿着校服的中学生，骑着自行车过来，因为红灯，很自然地依次靠边停下，说话也很小声，一点都不吵闹（图98）。

图 97

图 98

再来看这些小朋友，鱼贯而入，鱼贯而出，很有秩序。不同的队伍带着不同颜色的帽子，便于识别、管理。这些都是需要设计的（图99）。

老师一声令下，小朋友们都蹲下来了，我问同行伙伴为什么要他们蹲下来，回答说：因为蹲下来就不能乱动了。肢体语言的设计管理也是很神奇的。所以设计并不仅仅限于美术院校里所说的设计，我们看到的这些情景都是大设计，而大设计需要研究的课题实在太多了。

程瑞芳： 回顾一下邵爷这期讲的四个匠心精神的关键词：细节、奉献、勤快、守序，再加上上期的热情、认真、执着和精湛，所以这次邵爷和守白老师从日本的匠心之旅给我们带回来8种匠人精神。我本人也非常的感动，因为我去过日本很多次，但是我没有一次能够细致入微地发现这些精神。我也去过其他国家很多次，但每次去后，脑子当中的很多东西都会遗忘，没有很好地像邵爷这样去记录、去沉淀。所以你会发现什么是真正的匠人精神，它是由点到线再到面，由事到物到人，由小到大的点滴精神。匠人精神不仅仅是说出来的，更重要的是如何做出来。所以真的很感谢守

白老师和邵爷。最后我们请两位大师用一句话结束我们的节目《匠人精神》的下集，听完这两集节目，也让我们骨子里面烙下一些匠人的 DNA。

邵隆图： 我们现在经常有出国的机会。我想说，在我们出国的时候，不要忘记了出去的目的——改进我们的工作和生活。设计师其实是在设计我们的生活，有很多事情可以做。所以希望大家在每次的旅途中不仅是看见，还要有发现。发现是因为你想看见，当你想看见的时候，你就会发现你能够学习的东西有很多。

李守白： 非常荣幸能参与这样一个节目。从我的内心来说，不论我们是做艺术还是做工匠，都要有一个"见真"的心态，要有担当，有热情。为什么邵爷会这么了解日本的这份匠心，因为他亲近它，理解它，能够读懂日本的这种文化，读懂它文化中的内涵。我们本土的一些东西，也要把它读懂、读通、读精、读细，这样才能把你心中的定位清晰地表达出来，推动社会进步，成功才有意义。

程瑞芳： 再次感谢两位大师的分享。最后别忘了：咫尺在匠心。

图99

扫一扫，观看完整视频

编码和解码

|主讲：邵隆图|
|主持：程瑞芳|
|嘉宾：董斐然|

程瑞芳： 这期的话题格外有情感，有色彩。我们要讲的是一个著名品牌的编码和解码。

问大家几个问题：

第一个问题：全球最著名的一个品牌，你脑子里首先想到的是哪一个？

第二个问题：全球最"红"的一个品牌，你想到的是哪一个？

我们继续把范围缩小，如果我们说全球最"红"的饮料品牌，你想到的是哪一个？

149

现在你的脑子里跟我的脑子里编的码应该是一样的，没错，就是可口可乐！今天我们就要从一个设计师的角度，从设计的视角来看一看可口可乐是如何来编码的。从消费心理学的角度，设计又是如何去创造这些"消费者的码"。

邵隆图：我这里有一套 2004 年欧洲杯的限量纪念版包装（图100），一套 6 瓶，每瓶都有一个独立的纸盒包装，定价不菲，一套共600 元港币。仔细看，每个包装都不一样，有 6 个参赛国的地图，有体育运动的剪影，还有不同的欧洲各参赛国的地标性建筑，比如意大利的比萨斜塔、英国的伊丽莎白塔。只要一看这些建筑，就知道是哪个国家的，这些都是通过包装设计来传递信息的。当然，它没忘记自己是可口可乐，纸盒正面的刀版设计成了最典型的可口可乐玻璃瓶形状，后面则是大大的"Coca-Cola"LOGO，里面放上一瓶最经典的可口可乐玻璃瓶，瓶身上采用热收缩工艺的瓶贴设计，与纸盒形成一种设计风格，刀版当然都是排列设计过。

可口可乐一贯有自己清晰的战略、市场和推广计划。因为这是在欧洲进行的比赛，所以它通过这种设计，既跟这些国家发生了紧密的联系，同时又完成了可口可乐想要传递的品牌信息。

大家都喝过可口可乐，但很多人不知道这个瓶子的造型是怎么来设计的。1898 年鲁特玻璃公司一位年轻的工人亚历山大·山姆森在同女友约会中，发现女友穿着一套筒型连衣裙勾勒出曼妙的身材，非常好看。约会结束后，他突发灵感，根据女友穿着这套裙子的形象设计出一个玻璃瓶并申请了专利，后来被可口可乐公司以 600 万美元收购。

图 100

虽然我不是编码者，但是我在生活中一直很关注可口可乐的变化，做了很多研究。今天我们喝的可口可乐，在包装设计上是"超高能的"，也就是说，包装已经成为一种重要的自媒体。

可口可乐每年在全球品牌排行榜都是第一，每年的营业收入达到400多亿美元，差不多每天都有一亿多美元。这个品牌其实就是一款搞错配方的咳嗽药。但它一直让我们觉得很神秘，一直有个传说来印证它的神秘性：可口可乐的配方，全球只有6个人掌握。

我做了一些研究：比方说可口可乐和碳酸饮料，你们会选哪一罐呢（图101）？

我们在日常工作中经常碰到的问题是：企业跟我们谈他们的产品如何好、如何不一样，但是从来没有人跟我们谈它的品牌。前面程瑞芳老

图101

师说：今天我们要讲到的饮料品牌是红颜色的，很多人第一反应想到的是可口可乐，很少有人想到王老吉。

可口可乐促销活动中最成功的一页，就是创造出了今天人们公认的圣诞老人形象。可口可乐诞生有 130 多年了，我们现在认识的这个红衣服白胡子的圣诞老人形象诞生于可口可乐早期的圣诞广告。据说现在芬兰还有一栋他的别墅，每年到了圣诞节，全世界的圣诞老人都会跑到那边去聚会，穿着不同的圣诞老人衣服，但基本是红白两色。唯有在南半球，比如澳大利亚，12 月份正好是夏天，所以会穿着短袖和沙滩裤，但还是会装扮成圣诞老人的样子，留着长长的白色胡子。

程瑞芳：这个我特别感兴趣，我一直有一个困惑，因为我们每一年圣诞节都是在冬天，圣诞树都是绿色的，可是为什么圣诞老人是红白两色的呢？我一直都觉得他不应该是红白色的，应该跟绿色的圣诞树有些关系。

邵隆图：其实早期的圣诞老人真的是绿色的，是可口可乐把他变成了红白两色。

可口可乐进驻欧洲是 20 世纪 30 年代的时候，那时欧洲人很抵制可口可乐，认为它代表了历史很短的美国文化，他们觉得美国文化要来影响我们古老悠久的欧洲文化，所以他们很看不起可口可乐。

但是可口可乐会营销，他懂得入乡随俗，与当地文化沟通。虽然圣诞节当时就有了，但是现在的圣诞老人形象却是可口可乐塑造的。红白两色用的是可口可乐的主色调，红棉袄、白胡子，不管在什么地方都是这样的形象。还有许多元素，比方说铃铛、枞树、驯鹿、雪橇都是欧洲人熟悉的元素，取悦了当地的消费者。

可口可乐从1930年开始进军到欧洲，跟一位有名的插画师合作了三十多年。他当时画了很多和蔼可亲的、喜欢给孩子们派送各种礼物的圣诞老人形象：大腹便便，憨态可掬，身穿可口可乐招牌颜色的服装，像白发老祖父一样亲和。

从这个角度看，我们设计师的任务是很重的，要考虑怎么去推广这个产品，为它设计合理的、符合产品战略需要的形象，最重要的是系统控制下的有序变化，不是无序的变化。可口可乐与圣诞老人就是长期系统控制下的形象推广。

再说说"可口可乐"这个中文名字，翻译得实在是太棒了，在某种意义上，已经超出了拉丁字母"Coca-Cola"的意义。据说，在20世纪20年代，Coca-Cola最初在中国上市时的名字叫"蝌蝌啃蜡"，古怪的味道加古怪的名字，实在不恰当。后来公开登报征集中文名称，结果有一位旅英华侨蒋彝教授，在当时是著名的画家、诗人、作家、书法家，他以"可口可乐"这四个字击败了所有对手，拿走了350英镑的奖金。它不仅保持了英文的音节，而且更好地体现了"美味与快乐"的品牌核心理念，尤其难能可贵的是"可口可乐"这四个字发音单纯、简单明了、朗朗上口，极易传播。

现在在美国亚特兰大可口可乐博物馆的历史广告墙上，还展示着当时中文宋体的"可口可乐"字样。

我们查阅过可口可乐早期进入中国的资料，看到一张1928年上海可口可乐售卖亭的照片，当时的店招上还没有官方的中文译名。

而到了1930年，我们在一张天津可口可乐工厂的老照片上看到已经出现了"可口可乐"的中文名称。

到了 20 世纪 80 年代，1984 年美国总统里根访华，当月美国《时代周刊》刊登的一期封面标题是："China's New Face—What Reagan Will See"（中国的新面貌，里根将会看到什么？），封面照片是一个穿着军绿棉大衣的普通中国人手里拿着一瓶可口可乐，面露微笑，背后是长城，表示中国正在向世界开放，人们将要开始新的生活。"可口可乐"俨然成了当时中国改革开放的一个标志。

可口可乐的字体变化也非常多，从早期、中期到现在，有统一，也有变化，都是一些细节的变化与调整（图 102）。细节是很关键的，比方说设计师要关注"Coca-Cola"上面的"o"，早期的空间是比较大的，

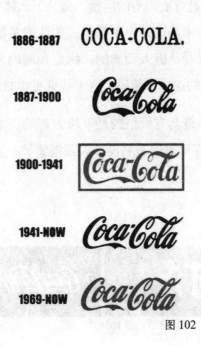

图 102

后来就小一点，更紧凑了，倾斜了一点。这些小小的变化就像我们的眉毛一样，眉毛较浓看上去较强势，眉毛较淡就显得较柔弱。所以说眉毛可以表达一种语言。设计师有多少人能懂呢？喜上眉梢、眉开眼笑、愁眉苦脸、才下眉头、低眉顺眼…… 眉毛有丰富的表情，所以，字体就像眉毛一样，在毫厘之间把握拿捏。现在字写得好的设计师实在是太少了，全部使用电脑打字，这是不够的，需要做微小的变化，让它成为你专用的图形。所以，我们设计师还需要加倍地努力。

可口可乐 1979 年用的是简体汉字（图 103），到了 2003 年陈幼坚设计了这样一个字体（图 104）。可口可乐之间的两个飘带是有关联的，线条之间也是有关系的，让中文的"可口可乐"跟拉丁字母"Coca-Cola"发生了关联。所以不是好看难看的问题，而是怎么建立关联，强化特征，使其风格一体化，这才是设计中更需要去关注的关键点。我认为这就是一个大设计，好看难看是因人而异的，约定和编码才是重要的，怎么把这个"码"编成自己的逻辑和筹码，这才是更重要的。

我认为可口可乐最具有价值的是一块方形的图案。方块当中波浪形的飘带图案，是 1955 年美国著名设计大师雷蒙德·罗维教授为可口可乐

图 103　　　　　　　　　　　　　　　　　　　图 104

设计的。他非常聪明，只用了两个瓶子的端面，切割成一个方块，得到了一个波浪形图案。如果不是这样切割，这根飘带就不会有那么大的动感了，因为可口可乐传递的信息是激情四射、充满活力，图案两端一大一小的不对称就显得很有激情，如果同样大小就会显得呆板（图105）。

最值得称道的是波浪图案有力地控制了不同语言文字在可口可乐标志上的表现形式。消费者可以不识字，但一定能在货架上找到它。它的演绎，不管它的瓶身罐身怎么变，波浪这个图形是肯定不变的。它在世界各国运用的语言文字是不一样的，虽然发音的 Coca-Cola 四个音节是一样的，但文字写法是不一样的。所以唯一统一的就是这个波浪图案，图形是跨越国界的，所以这就是大设计。

图105

　　我曾经问过上海可口可乐公司的董事长和总经理，他们也并不知道这个波形图案的故事。很多设计师今天也可能是第一次听到。因为我曾听我香港的朋友说过，这个波形图案可能是两个瓶子的端面，于是我回去画了一下，果然是这样，所以拿来跟大家分享一下。

　　可口可乐的瓶子也在慢慢地发生变化，但是万变不离其宗，是在控制下有序地变化。铝罐同样也有很多的变化。我们发现它在不断地去符合不同人群、不同文化、不同时期、不同场合下的需求。比如：在飞机上用的是矮胖的罐身，因为飞机上喝不了太多；女孩子可能更喜欢纤细的罐身；还有有盖子的铝瓶，是为韩国奥运会设计的，因为在看比赛的时候，一瓶喝不完可以用盖子盖起来（图106）。事实上，我们生活中也确实有各种各样的需求：稍微小一点、方便携带，等等。所以换罐身、瓶身像换

图106

衣服一样，不同季节有不同的衣服。生产不同的铝罐需要的设备都不一样，要增加很多生产流水线，企业没有强大的财力和实力是很难做到的。

而我们好多企业比较偏重产品和技术，总是不断地在改进配方，所谓改进就是后来的东西打倒了前面的东西，所以总在不断地自己打倒自己，不仅增加了成本，也积累不起品牌资产。其实可以像可口可乐和其他国际大牌快消品一样经常换换衣服，而不是轻易改变主力产品的配方。这是这些国际品牌成功的一个重要因素。

程瑞芳：所以可口可乐产品配方是没有变化的，变化的是视觉，通过视觉设计不断地改变，从而成为不同时代消费者心中的印记。

邵隆图：我曾亲身经历过一次可口可乐改配方的事情，大概是在1981年的时候，我在香港买到过，深圳也有，10元港币4罐装，包装颜色是橘红色的，比现在的可乐颜色稍亮些。当时可口可乐是这样告诉大家的：我们大量地调查下来，发现大家对可乐的口味有一点意见，所以就改动了一点点配方，包装也改成了橘红色。消息出来后，大家都蜂拥去抢购原来的可乐，结果发现绝大多数的消费者是持反对意见的，他们抱怨说："我们已经跟可口可乐相处了很多年了，为什么要改配方呢？谁同意的？"人们生活中原本已经熟视无睹、习惯的、无所谓的、感官疲劳的可口可乐一下子又受到了前所未有的关注和瞩目，在引起社会大量话题、唤醒知觉和再认识之后，可口可乐又郑重地宣布：我们根据消费者的意愿，决定换回成原来的配方。这就是一种非常重要的"编码"，也就是经营策略。

我作为消费者，虽然没有参与过可口可乐的品牌建设，但是我很认同这种调情（调动情绪）的方式。还是这款棕色的水，但是怎么把它调得有声有色，不停地唤醒人们的知觉，这就是一种战略。因为消费者心理厌倦了、熟视无睹了，已经感受不到可口可乐的存在了，所以在还没有被遗忘的时候做了一次唤醒。当然这也是有风险的，一般的企业是不敢做的，只有这些大品牌有自信敢冒这个风险，因为他有足够的把握可以回到原点。当人们蜂拥去抢购时，可口可乐自然而然地又回到了大家的怀抱。

这是为 2010 年上海世博会吉祥物"海宝"面世特制的一瓶可口可乐纪念装（图 107），仅在"海宝"发布会当晚，上海大舞台限量供应一万瓶，是珍藏版。

程瑞芳：在中国冬奥会申请成功的那天，它也是限量发行了金罐。

邵隆图：对。所以它就是不停地跟消费者发生关系，不放过任何一个营销的机会，特别是体育营销。不过近年来可口可乐也有些变化，口味也在做更多尝试，甚至也有绿色包装的可口可乐。

程瑞芳：邵爷，从视觉上面来讲，可口可乐主色调是红色的，那为什么现在会做出一些变化，比如说有绿色的、紫色的、也会有一些黑色的，尤其是绿色的已经成为欧洲主流市场中可口可乐的流行颜色，您觉得发生这些变化的原因是什么？

邵隆图：它是针对某种目标人群做的，人群不同了，人群的喜好会

图107

改变。比方说原来是红的，现在用绿的，既是因为欧洲市场倡导环保健康理念，也因为是对比色，还是会让你牢牢记住。

程瑞芳： 你会发现可口可乐为了传达当下的一些环保理念，做了一些绿色的产品，说明它的设计与战略完全同步。

邵隆图： 所以说可口可乐的设计和整个战略其实是紧密结合的，一定要符合整个战略的需要。

你看每个可乐瓶盖顶端都有不同国家的文字 LOGO，不管是拉丁字母的，还是汉字的，或是其他国家的文字，这个波形图案形成的记忆点让系统控制下的 LOGO 形象万变不离其宗（图 108）。

我们再仔细看可口可乐的包装，你会发现它的每一个面上都有波形图案。不管你在货架上怎么摆，它总是能够传递信息，不会浪费任何一面。

我们设计的时候要关注的东西确实很多，你在电脑上画一个平面图的时候，有做过实物吗？做好以后这个尺寸都合适吗？周边的竞争品牌是什么？它们在货架上的效应怎么样？都是有关系的，设计就是这种关系的处理。比如说，最具有价值的，我觉得还是可口可乐的铝罐。我对这个铝罐研究了很长时间发现，36 年前可口可乐重返中国的时候，罐体的上盖和底部的直径是差不多大的，但是现在发现上盖直径已经缩小了 12 毫米，平均每 3 年缩小 1 毫米。然而我们丝毫没有感觉到尺寸的微小变化。

设想，可口可乐每天在全球销售 10 亿罐，可以节约多少铝材呢？又可以降低多少成本呢？这就是设计的力量。企业除了通过销量来增加业绩，还可以通过设计来降低成本，获取利益。

这些细小的变化可能就是我们企业市场部和总部的重要策略，设计师要能够了解和把控这些细节。所以，找对人，说对话，做对事是很重要的。可口可乐很关注入乡随俗，以及统一品牌形象控制下的变化，在不同国家用汉语、日语、泰语、拉丁语等不同的语言、文字来描述、传达品牌的信息，一切都以取悦消费者、充分沟通为目的。

图 108

程瑞芳： 这样的变化我们称作是产品创新，也使得企业的成本降低。

邵隆图： 就这么一个简单的拉环，我认为就是大设计（图109）。

以前可口可乐的拉环是可以拉下来的，存在丢弃的问题，是不环保的，而且这种拉环很小，如果在沙滩上随意丢弃会伤害到人的身体，存在安全隐患。而现在的包装拉环经过特殊的结构设计就掉不下来了，不会被随意丢弃，更环保，也更安全。所以我们设计师要懂得新的技术、新的工艺，使它成为更加有利于人类生活的设计。

可口可乐是很会讲故事的。

图109

比如说，可口可乐为美国拉丁裔特别推出了"姓氏纹身罐"。什么叫纹身罐？现在很流行纹身，它的罐体上就印有拉丁姓氏的纹身贴，凡是和时尚有关的热点、事件，可口可乐都会积极参与。这些拉丁裔人把自己的姓氏印在罐身上，表示他对家族的荣誉引以为傲，其实这样的设计就是为了增加消费者的品牌黏度。

还有在墨西哥为视障人士专门设计的盲文"昵称瓶"，让视障人士也加入到"分享可乐"的全球营销活动中来。这个设计就是在罐体上面把凹凸的盲文刻上去，这实在太难了，又是新工艺和新设备的问题。

程瑞芳：这些都是可口可乐做的关于分享主题的传播，本质是什么呢？

邵隆图：本质就是要与年轻人为伍。因为我们所有的品牌都要面对年轻的消费者。众所周知，任何品牌如果不面对年轻人，它就没有未来。因为年轻人如果现在不了解你的品牌，他就不会关注了，更不会购买了。可口可乐尽管 130 多岁了，但它还是充满活力，乐于跟年轻人在一起。而国内有些 60 岁左右的品牌，都开始叫"老字号"了，谁把它做老的，都是自己叫老的。

看看可口可乐的"昵称瓶"上面写的都是什么？"喵星人""小萝莉""有为青年"等，都是当下年轻人喜闻乐见的网络热词，大家都是冲着这些时尚好玩的信息去购买的。还有"歌词瓶"，甚至可以帮你定制名字，把你或别人的名字印在瓶身上。另外还有一个"台词瓶"，也同样是跟消费者增加黏度，达到充分沟通的目的。这么大的品牌都能不厌其烦地做这么细致的工作，取悦消费者。

口号也是一样。早年一句口号可以用十年或二十年，现在不断地在变，因为这个时代变化太快了。我们经常把广告口号、广告标题和广告文案混为一谈，所以客户跟我们讨论时都会碰到类似的问题：这句话这样讲好吗？其实这只是作为一个标题，用于某一次的促销活动，某一次的新产品推出。但是对于一个大品牌来说，它的口号应该是相对固定的。我们搜集了很多有关可口可乐的口号，它的口号一直在变，但是万变不离其宗，它一直在和充满激情的年轻人在一起，这是它的定位，它的目标市场，所以这一点它不会放弃。

2016 年开始说"品味感觉"，因为当初的年轻人现在已经到了一定的年龄，可口可乐要和他们一起成长，因此它限定在某一个时期内。以前的广告是"一杯可乐，一个微笑""可乐红，可乐白，还有你""挡不住的感觉""挡不住的地道可乐""永远的可口可乐""享受可口可乐""活出真精彩"等，这些广告词不断地去叠加、演变，使其变得非常生动、非常时尚（图 110）。所以品牌设计的工作是很重要的，它要配合企业的战略形象。总的来说，趋势的划分是越来越细，大众的消费品变得越来越难做，即使是可口可乐这样的大品牌也有很大的压力。

我手里有本书很让我感动，这本书叫作《可口可乐 100 年》。从这本书里，我们可以看到可口可乐早年的设计也很稚嫩，现在就不一样了，因为有专门的人员在做品牌的整理和收集工作。可口可乐的故事有很多，它在不停地和消费者沟通，一直都很用心。

- 1886 Drink Coca-Cola（喝可乐吧）

- 1904 Delicious and Refreshing（美味·怡神）

- 1917 Three Million Day（300 万销售日）

- 1922 Thirst Known No Season （四季解渴）

- 1925 Six Million a Day（600 万销售日）

- 1927 Around the Corner from Everywhere（从街角到世界各地）

- 1929 The Pause That Refreshes（给个暂停，恢复神采）

- 1932 Ice Cold Sunshine（酷爽的阳光）

- 1938 The Best Friend Ever Had（最好的朋友）

- 1942 The Only Thing Like Coca-Cola Itself（只有可口可乐）

- 1944 Global High Sign（全世界的暗号）

- 1948 Where There's Coke, There's Hospitality（哪里有可乐，哪里就有宜人感受）

- 1949 Coca-Cola Along the Highway to Anywhere（可乐顺着大路去向各处）

- 1952 What You Want Is Coke（想要的就是可口可乐）

- 1957 Sign of Good Taste（好味道的象征）

- 1963 Things Go Better with Coke（有可乐一切会更好）

- 1969 It's the Real Thing （地道的就是可口可乐）

- 1976 Coke Adds Life（可乐加生活）

- 1979 Have a Coke and a Smile（一杯可乐，一个微笑）

- 1982 Coke Is It（就是可口可乐）

- 1986 Coca-Cola Red, White and You（可乐红，可乐白，还有你）

- 1987 Can't Beat the Feeling（挡不住的感觉）

- 1990 Can't Beat the Real Thing（挡不住的地道可乐）

- 1993 Always Coca-Cola（永远的可口可乐）

- 2000 Coca-Cola. Enjoy（享受可口可乐）

- 2001 Life Tastes Good（活出真精彩）

- 2003 Coca-Cola...Real

- 2005 Make It Real（梦想成真）

- 2006 The Coke Side of Life（生活中的可乐一面）

- 2009 Open Happiness（畅爽开怀）

- 2016 Taste the Feeling（品味感觉）

图 110

我们专程去参观过亚特兰大的可口可乐博物馆，听说建造这个博物馆花了9500万美元（仅是可口可乐半天的营业收入）。在里面专门设了一条特别慢的可乐灌装线。但这是一条真正的灌装流水生产线，灌装速度只有20瓶／分钟（图111），而正常的流水线灌装速度在几百瓶／分钟。

据说，为了这条真实的生产线，公司几乎花掉了建造博物馆一半的资金。但为什么还要这么做呢？听说在此之前的博物馆展厅里也有一条生产线，但只是模拟的，然后馆方每天都听到参观者在问："为什么不是一条真实的生产线？"于是，为了满足消费者的愿望，企业下定决心设置了这样一条真实的灌装生产线，然而如果灌装速度跟真实生产车间里一样的话又太快了，参观者根本看不清，达不到很好的参观效果，所以最后才研究出了这样一条慢速的流水线，既真实，又能让消费者看得更清楚，效果很棒。

图 111

一条仅供参观的生产线，为何要如此大动干戈？其实企业很清楚：因为现在的消费者变化太快了，所以要不停地跟消费者发生关系，引发关注。所以广告也好，设计也好，都是为了沟通。沟通需要质量，也需要技巧，可口可乐所有的传播就是用不同的媒体，与不同的消费者做不同的沟通。

董斐然：所以可口可乐品牌诠释了变与不变，不变的是它的品牌价值和形象，不管怎么样，它的红白两色、辅助图形、LOGO基本上都在这个范围内，有品牌的基因。它变的是每一季的内容、每一个主题、每一个当下消费者的感受。所以它随着世界在变，它跟消费者的沟通更准确、更密切，其实也就是它解了消费者心中的码。

邵隆图：还要注意，它的变化是在控制下的变化。比方说一个活动结束了，马上就会停止生产，所以就成了限量版，然后又会回到原点。不至于变得失去本我。

在美国本土买可口可乐，就叫"Coke"，销售员也不会拿错。那为什么要变成两个音节？就是为了节约传播成本，"Coca-Cola"需要四个音节，一年讲365天，多两个音节就要多一倍的传播成本，减少一半的收益。所以美国人说"Coke"并不是随意的，已经成为一种昵称了。

程瑞芳：而且它通过"Coke"这个名字创造了新品类，就是你讲到"Coke"的时候，没人会想到"Pepsi"。所以它的这个简称，也是占据市场的一种重要的品牌战略。

邵隆图：当然了，这很重要。据说第二次世界大战的时候，可口可乐在撒哈拉大沙漠里安装了一个巨大的户外广告牌，在没人的地方放一个如此大的广告牌干吗？因为盟军知道"沙漠之狐"隆美尔元帅将要撤退路过此地，所以他们事先安放了这个广告牌，当德国的残兵败将路过时，又干又渴又累，突然看到可口可乐广告牌上面充满激情地写道："盟军士兵们，可口可乐永远与你们在一起！"可想而知，溃退的德军看到后，更加军心大乱了。所以可口可乐的这种品牌战略已经不是一个饮料的概念了，是美国文化的一个组成部分。

程瑞芳：我们今天通过一个全球最著名的"红的"品牌——可口可乐，从设计的角度对品牌进行了解码，解了可口可乐的码。再请邵爷和斐然老师来做个结尾，请问您觉得从一个品牌的角度应该怎样去编码？

邵隆图：虽然我没有做过可口可乐这个品牌，但是我一直从学习的角度在观察、分析，我们要学习一些成功品牌做成的道理，我相信它是有机遇的、有环境的，当然也有很多的技巧。所以我们永远要以"出世之心"做"入世之事"。尽管方法各有不同，编码有策略，但更要有激情，没有激情则一事无成。

董斐然：我觉得现在是一个认知升级的时代，所以对于可口可乐来说，它处于变和不变，以及世界在不断变化的大环境里，不管是做这样一个品牌，还是做一些其他的新品牌，都应该加深消费者的认知。以这个为前提，来进行一系列的设计和创意活动。所以一切加深认知的事情我们都可以大胆去做，而所有模糊认知的事情我们可以去规避。也就是说，对于未来的设计师，在考虑品牌设计的时候，首先要去考虑它的基因，就是在不断地变化中能试探到消费者的内心，能够了解消费者的心智，做一个成功的解码人，做一个非常棒的编码人。

程瑞芳：我记得著名广告人苏秋萍曾经说过一句话：如果你想要成为一个更棒的创意人或者广告人，你就要不停地去想对手的品牌是怎么做的，如果我是他要怎么做，怎么样可以做得更好。我们看到邵爷做设计可以做到今天，来源于他不断地看见和发现，去收集、归纳、整理。也希望我们在自己的设计生活中，不断看见、发现并实现。

扫一扫，观看完整视频

|主持:程瑞芳|
|嘉宾:刘 军 上海大隐书局有限公司创始人
上海城市动漫出版传媒有限公司总经理|

城市名片

程瑞芳:我们这期的节目在武康大楼拍摄,武康大楼是由国际著名设计师拉斯洛·邬达克设计的。为什么我们要来到这里?因为我们要谈一个有意义的话题:城市的名片。除了邵爷,我们还请到了另一位嘉宾,我们称他是"海宝的舅舅"。他就是原上海世博会吉祥物办公室主任、上海城市动漫出版传媒有限公司总经理、上海海派连环画中心主任、上海大隐书局有限公司创始人——刘军。

我们来到了刘军的"大隐书局",什么是"大隐书局",为什么一个叫"大隐"的书局开在了繁华的淮海路上，为什么叫"大隐"？先听邵爷来讲一讲。

邵隆图：大隐于市，"大隐"其实是不隐的，它在热闹的淮海中路上，宋庆龄故居的正对面，我之前来过这里，当时并不知道创始人原来就是刘军。

大家都知道这栋楼是武康大楼，在淮海路和武康路的交界处，是匈牙利设计师邬达克设计的。

邬达克是上海现代史里一个很有名的建筑设计师，上海大光明电影院、国际饭店、铜仁路北京西路口的"绿房子"、沐恩堂等都是他设计的，他在上海设计的房子不少于100栋，每一栋都是经典，都很有名、有意义，并越来越受到社会的关注。

武康大楼很有意义，很多文化名人，像赵丹、吴茵、秦怡、郑君里、孙道临、王文娟都曾经住在这幢楼里。这幢楼底下曾经有一家紫罗兰美发厅，因为这些明星都在里面做头发，所以这家店也因此变得很有名。

我那天来宋庆龄故居才偶然发现了大隐书局，而且发现它和一般书店不一样。虽然现在电子读物有很多，人们的沟通方式也不一样了，我认为书仍是一种获取知识的非常好的载体，我们发现，每年上海的书展都是人山人海，当静下心来的时候还是非常需要多看书的。现在很多书店也都在改变，书店早已不局限于卖书了。

我很喜欢这个书店，因为这里除了卖书，门口还有一个不小的空间能让过路人坐一坐，躲躲雨，避避太阳，注重人文关怀，真是一个有心的设计（图112）。整个书店的格局很有禅意，既有中国汉唐的韵味，又有现代感，充满了书卷气和墨香（图113）。

图 112

图 113

在这里可以边喝茶边看书,有简餐吃,还有包间可以开会用,功能很多。所以我要说:大隐于市,其实根本是不隐的,而只是隐藏在了闹市中的一个静谧之处(图114)。

程瑞芳: 刚才邵爷跟我们讲了"大隐于市"的概念,接下来我们请刘军来跟我们讲讲,为什么要在武康大楼这样一座著名的建筑里开这家实体书店,在电子读物盛行的时代,是怀着怎样一颗初心来做这样的一件事?

刘军: 早些年我曾去台北的紫藤庐,当时龙应台还专门写过一篇文章,"台湾不应该只有星巴克,也应该有紫藤庐"。当时我就很受启发:上海是不是也能够有一个让人们静坐的、思考的、交流的文化空间呢?所以正如邵爷所说,大隐书局不仅仅是个书店,还是一个能够提供沟通和对话的文化空间。

但是如果把我们说成是文化地标就有些夸张了,所谓的文化地标应该是人人所共知的,大概有以下几种类型:第一种是地域的标志,比如说起金茂大厦、东方明珠,就联想到上海;第二种是和文化名人的关系,比如说到韶山就会想到毛泽东,说到嘉兴就会想到丰子恺;第三种是特殊的文化场所,让人产生对这座城市的联想,比如台北的紫藤庐。每个城市或多或少都有针对某一类人的文化地标和精神高地。

正如邵爷所说,武康大楼聚集了民国的一些历史文化名人,还有鉴于这个街区独特的特点:它既需要繁华西化的武康路,同时也需要一个清凉的、使人思考的人文空间,所以我们选择在这个街区建一所富有人文情怀的书店。

图 114

邵隆图：仔细想想，现在的年轻人似乎真的没什么地方可去，购物都在网上，除了 KTV、酒吧、餐厅，还有什么地方可以去？我觉得现在社交沟通的场所还不够多。2000 年我去台北的时候，参观了诚品书店，那时是晚上 11 点多，书店还开着，里面很安静，书卷气很浓。有的人在看书，有的人在喝咖啡、吃简餐，这种现象当时在大陆很少。因为我们白天都要上班，没有时间，下班后书店也都打烊了，他们没有想到有的人是有这种沟通方式的需求的，并不是所有人都喜欢去酒吧、去 K 歌，有的人性格安静，就喜欢在诚品书店这种地方静静地发呆。所以台湾有一个有名的广告人许舜英说过一句话："去百货公司寻找气质，去书店展示时装。"书店其实是公众沟通的好场所，不一定只有看书的功能，书只是一个载体、一个信物，能增长知识，也能增进沟通。

设想一下，在某个书架前，一对男女青年邂逅了，彼此翻阅兴趣相同的书籍，几天以后，两人可能再次相遇，四目相对，无言一笑，再几天以后，又再次相遇，女孩子不小心把书掉落在地上，男孩子立刻弯下身子帮她捡起来……于是，一个浪漫的故事就开始了。

程瑞芳：所以从这个角度来讲，无论是书店，还是书，都是文化载体的一部分，刚才我们讲到了大隐书局，还有台湾的诚品书店，这些都有异曲同工之妙，就是通过书店或书这个载体，像名片一样去传递信息，提供给大家交流沟通的机会。那么除了书店以外，还有哪些我们可以称之为"城市的名片"？这些名片的功能是什么呢？

邵隆图：正如刚才刘老师所讲的，这些名片可能是人物，也可能是标志性建筑、动物或者植物，比如说：四川的名片有大熊猫，而功夫熊猫却是美国的一张名片。不是我们的大熊猫移民了，而是传播的力量，长时间的传播积累形成的不同名片。又如一说到迎客松就想到黄山，一说到白玉兰就联想到上海。建筑也是一样，讲到外滩、东方明珠、上海中心，都可以直接联想到上海。

其实城市都有它的性格特征，不同的城市有不同的面孔。还是以上海为例。我们在做世博会的时候，觉得描述上海的东西非常多。"城市，让生活更美好"这个主题 1997 年就讨论过了。当时讨论的时候大家对地标建筑等物化的东西提得比较多，但我一直说文化包含三部分：第一部分是器物文化，指的是看得见、摸得着的东西，它是物质层面的；第二部分是组织文化，家庭、企业、社团、甚至国家都属于组织文化；第三部分就是最核心的价值观。文化的核心其实是物质和精神的总和形成的价值观，为什么说上海是东情西韵的海派文化？因为上海的首府以前是松江，属于江浙文化，江浙文化跟西方文化的碰撞，形成了独特的海派文化。在东方明珠这张名片产生以前，经过 100 多年的五方杂处，形成的海派文化符号已经很多了。

老话说"宁要浦西一张床，不要浦东一间房"，我经常想一个问题：为什么上海的浦西比浦东发展早一个世纪呢？我的研究是：因为船是逆水靠右停泊的，船舷都在右边，浦西恰好就在黄浦江停船的右侧。几乎世界上所有有河的城市都是一边发展好，一边发展不好，而且都是逆水朝右的一边发展比较好。因为船必须逆水停泊，所以地理决定了历史，一个不经意的习惯，就让浦东被遗忘了一个世纪。自从"改革开放"以后，这种"宁要浦西一张床，不要浦东一间房"的局面就被打破了。

因为我了解视觉方面的相关知识，所以喜欢把复杂的信息变成图片，这样就通俗易懂了。比方说外滩建筑，上海从 1843 年开埠，到 19 世纪中后期开始建造外滩建筑。文化是通过人的流动得以传播、交融的。如果把 25 栋建筑比作一棵大树的根，在当年没有飞机，火车发展还不够快的时候，人们都是通过水路来到上海，于是，这 25 栋建筑就把外滩的根须扎进了黄浦江。纵观这些建筑里面的行业种类，金融产业最多，因为外国人都在做金融产业，这些产业就是树根的营养物质。随着这些产业逐渐做大，外滩长成了一棵大树，大树干就是南京东路，接着又长出很多小树杈：汉口路、九江路、福州路、广东路、延安路、滇池路、北京路、宁波路、天津路等，还出现了更多小路。通到树冠就是西藏路了。我们通过视觉表现之后，发现外滩就是一棵根基发达的参天大树，我对外滩文化的理解就是通过这样的方式来诠释、传播的（图 115）。

一提到上海，我们能想到的元素还有很多，比如石库门、大世界、旗袍、西装、小笼包、洋房、黄浦江、陆家嘴金融中心等，这些都是看得见摸得着的物理属性的器物文化；透过这些看得见的，我们又感知到混搭的、契约的、五方杂处的、东情西韵的、风度的、精致的、小资的、包容的、

图 115

国际的，这些精神层面的情感属性，这就是海派文化的价值观。这就是上海，这些都是城市名片（图116）。

这几年符号又多了，比如：上海中心，我们说是上海的高度；八万人体育场，是上海的力度；磁悬浮列车，是上海的速度；上海博物馆，是上海的深度；浦东国际机场，是上海的气度；图书馆，是上海的厚度；科技馆，是上海的精度；大剧院，是上海的态度（图117）。

前几年还出现了两个人物符号，刘翔和姚明，众所周知，一个代表了速度，一个代表了高度。

以前说到上海男人，总被说是小男人，其实不是，只是上海男人比较早接收到西方思想，懂得女士优先（lady first），尊重女性，懂礼貌。那上海女人的特点是什么呢？其实上海女人更兼顾事业与家庭、外貌与性格、开放与内敛、传统与时尚，是东情西韵的双面娇娃，上海人经常称之为又"嗲"又"㑇"（jià），"嗲"大部分人都知道，"㑇"指的是聪明和睿智，很能干的意思。这些也是上海的名片。

程瑞芳：刚才邵爷从他的角度说了上海有哪些名片，我们知道连环画也是上海的名片之一，我们就请刘军老师从连环画的角度给我们讲讲上海，连环画里的上海文化和内涵。

刘军：我觉得连环画就是我们看的电影，它讲究镜头、动态和故事的连续性。因为在20世纪90年代，全国连环画总产量的80%都来自于上海。据统计，在1952年之前，上海连环画书摊有2万多家，有近20万的从业人员，200多家连环画的作坊。我觉得一方面可能是当时教育程

一提起上海，你就会联想到：

看见的：

石库门
外滩
大世界
旗袍
西装
小笼包
洋房
黄浦江
陆家嘴金融中心

发现的：

混搭的
契约的
五方杂处的
东情西韵的
风度的
精致的
小资的
包容的
国际的

器物文化——
物理属性

价值观——
情感属性

图 116

上海中心　高度　　八万人体育场　力度　　磁悬浮 速度　　博物馆　深度

浦东国际机场　　　　　　　　　气度

图书馆　厚度　　科技馆　精度　　大剧院　态度

图 117

度不高，媒体也不发达，文字水平整体不高，所以通过图画的方式可以快速阅读；另一个方面可能是具有五方杂处的特点，我们既吸收了西方人物写实的技巧，又具有中国传统绘画的白描技巧，上海人创造性地把它们结合在了一起。

我今天还收到了日本一家专门研究中国连环画的公司寄来的一本杂志，不管是上海，还是国内的其他地方，很多美术家起步都是连环画。我们把它称之为小人书，但它里面体现的创作技巧、讲故事的能力实际上是全方位的。所以连环画真的是上海的一张文化名片，它代表着上海在美术领域兼收并蓄的风格，上海人善于挖掘人物的精神世界和城市故事，这些具有庞大的营销能力。上海人民美术出版社目前为止，60%的销售还是传统的连环画，可见它是非常深入人心的。大隐书局最可贵的地方在于，它是唯一存有连环画的书局，陈列了几百本（套）的连环画作品。

邵隆图：其实上海在出版连环画以前，有一份报纸叫《申报》，《申报》在1872年就有了。这是我最早看到的连环画，就是白描工笔勾勒的。但这是报纸，每天只出一张。我仔细看过这些报纸，发现画得实在是太精细了。我家里还有一套藏书，叫《点石斋画报》（图118），我还找到过当年在法国世博会时画的一张画，因为当时没有照相机，所以都是手绘的。仔细想想，当时有很多画家因为迫于生计，都是靠画连环画在上海生活的，就像前不久过世的贺友直先生，也是画连环画起步的。

程瑞芳：可见，上海有很多与文化相关的名片，有物质的，更有精神的，比如连环画。大家都知道"海宝"是世博会的吉祥物，也是上海的名片之一。所以想请"海宝之父"邵爷和"海宝舅舅"刘军一起来聊一聊"海宝"的故事，

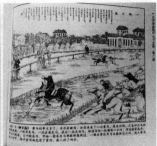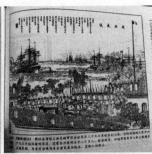

图片摘自《点石斋画报》

图 118

为什么当时会有这样一个形象出来？它被寄予了一种什么样的价值观？

刘军： 我想列举几个数字，一个是上海世博会开发的以吉祥物为主体的特许产品，大概有两万多种，是历届世博会、奥运会中最多的产品。种类多并不能代表什么，更重要的是上海世博会吉祥物和特许产品的总销售额是 219 亿元，这个数据是一个让举办奥运会和世博会的国家都为之震惊的数字，连刚闭幕的米兰世博会也难以望其项背。这项成功的盛会一方面得益于整个团队的努力，对世博会理念的深刻洞察，另一方面还得益于邵爷非常成熟的企业管理和生产经验，以及快速流通的管理方法。

我们看到过很多前车之鉴，比如有些吉祥物的设计因为数量多，或者颜色太复杂等原因，导致制作的成本、效率、周期和时间都很长，难以满足快速流通的需要。

邵爷的设计，既把"海宝"的核心理念表达出来，又把产品生产、快速流通结合到了一起。从美学上来说，世界上没有最美的东西，因为美是没有标准的。可能有些人认为柔美为美，有些人认为刚健为美。其实对于世博会、奥运会而言，吉祥物是一个标志性产品，邵爷几十年的设计经验对吉祥物的理解把握得非常精准，所以我觉得对设计本质的了解是最重要的。

邵隆图：刚才讲的美丽的定义是因人而异的，我们经常用一种方法去限定所有人对美丽的理解，这其实是错的。因为美没有好坏，只有差异。1997年我参与讨论了世博会的主题"城市，让生活更美好"，当时大家对上海的城市文化做了很多描述，但是大部分的描述都只停留在器物层面，像东方明珠等，这些东西是很难变成一个吉祥物的。吉祥物是可以使用的，便于管理、方便流通、激发需求、创造价值、积累资产、降低成本，这些才是设计的全部目的。

我喜欢在给品牌做广告的时候都在文字的最后加一个"吗"字，先询问一下自己。所以当时在讨论的时候，我提出过一个问题："城市，真的让生活更美好——吗？"因为我们有时候确实感觉不那么美好。大家一定都有这么一个感受：现在城市生活越来越富裕，车子越来越多，但马路却变得越来越不好走了。现在说到的供给侧改革、工业4.0就是要解决这些问题，解决人们精神层面的需求。当时我还提了一个话题："我觉得城市就是千百万人很孤独地居住在一起。"我们人与人之间的现实距离很近，心理距离却很远，这就是现代的城市病。不光是上海，全世界发达城市都是这样，物质层面越发达，精神层面越缺失。发展到以后可能还要更加缺失，因为手机可以代替朋友了。有统计报告称：中国人每天看手机的平均次数高达 160 次，远远超过了与亲人、朋友对话的次数。人们的注意力都被手机转移了。所以我认为解决这些问题的核心是解决人的问题，"城市，让生活更美好"，其实是要研究如何让"人"的生活更美好。这是我们要关注、研究、解决的大课题。

所以当初"海宝"的造型我就提出了"人"字的结构（图 119），它要承载四个层面的信息：第一，体现出上海主办城市；第二，要融入中国文化；第三，要演绎"城市，让生活更美好"的主题；第四，要有可延展生产的可能性。我们通过一个汉字"人"就解决了所有问题，而且它的笔画最少，最易被记忆。蓝色代表海派的上海；汉字体现中国元素；

图 119

"人"字升华了"城市，让生活更美好"其实是"让人的生活更美好"；而基本型吉祥物"海宝"在后来的运作中也造型多变，有极大的延展空间。

我经常问，艺术家和设计师的区别是什么？

艺术家是很多人做一件事，结果各不相同；而设计师则是很多人做不一样的事情，结果却一样。具有明确的商业目的，这就是设计的价值。

这几期我们谈的一直是设计的主题，这也是我们一直在研究的课题。说到底，就是实现人的价值，体现对人的尊重，才是我们真正研究的主题。

程瑞芳：谢谢邵爷，谢谢刘军。这次我们在武康大楼的大隐书局，带着大家从一个书局延伸到上海的城市名片，要怎样去定义，怎样去创造，怎样去宣传，归根结底还是对于人的洞察和尊重。最后还是请邵爷和刘军一句话总结，到底要怎样去打造上海的城市名片？

刘军：我们在追求外在的地理标志，更高、更大、更复合时，可能要转入追求内心的建设当中，去探索持久的文化内涵建设。我们也祝愿这个城市越来越好。

邵隆图：我觉得上海已经有了它的高度、速度、力度、广度的硬实力，但我的直觉告诉我，下一步我们要做的是风度、精度、深度和气度，也就是软实力。

扫一扫，观看完整视频

平面不平

| 主讲：邵隆图 |
| 主持：程瑞芳 |
| 嘉宾：虞惠卿 上海时浪（Snap）设计工作室
创意总监兼合伙人 |

程瑞芳： 这期请来了知名设计师虞惠卿先生，他是上海时浪（Snap）设计工作室的创意总监兼合伙人，平面设计师，设计活动策展人。

这期讲的话题是"平面不平"。我们先从一个 LOGO 设计开始谈起。大家脑海当中有没有这样一个品牌的视觉符号："LOGO 的颜色是橙红色，由两个圆形构成的图形"。最近在行业内被炒得非常热，据说是花了大概 800 万元升级的 LOGO，这个 LOGO 到底是什么呢？对！就是万事达卡

（MasterCard）。我们先请邵爷跟我们讲讲 800 万元升级的 MasterCard LOGO 的故事，再请虞惠卿从设计师的角度来跟我们谈谈他是怎么看的。

邵隆图： 800 万元本身就是一个话题，因为国内的企业很少开这样的价格，所以 800 万元的价格就成了人们关注的话题。今天我举这个例子，跟我们的话题有关——"平面不平"。我们设计师都学习过平面设计，包括平面构成、立体构成、色彩构成三大部分的课程。以前的设计基本上停留在平面上，原因很简单，因为以前大部分的设计还在应用纸媒，现在时代变了，互联网的时代，平面也开始不平了。很多企业的品牌也都在根据需要顺应时代变化不停地调整。

这就是 800 万元设计的 LOGO——MasterCard（图 120）。大家都惊讶这个 LOGO 怎么会这么贵？只有三个颜色：橘红、橙色、朱红，两个圈而已，光看平面实在太简单不过了。但是我们看到，当它用视频的形式来演绎这个新 LOGO 的时候，就非常生动了。现在微电子技术的应用越来越成熟广泛，这个视频就应用的非常生动。科学技术推动了传播的发展，所有传播的工具都改变了。那么，设计师应该考虑，在这个时代，LOGO 设计应该如何顺势改变。

仔细比较这个 LOGO 升级前后的变化（图 121），发现原标志中的"MasterCard"字体被提取到了主视觉元素的外面，字体设计得更现代了，同时根据花费 600 万元调查出来的结果可知，圆形里面的几根线条也是干扰项，不需要强化。于是新设计将容易被忽视的部分去除，只呈现出最重要的视觉元素——两个圆圈，成为新 LOGO 的主体。所以这样的

图 120   图 121

LOGO 变化，看似很简单，其实很不简单，这就是品牌设计。我们要明白，一个品牌要改 LOGO 不是件小事，特别像这样的国际性大品牌，改品牌 LOGO 的代价很大，800 万元只是个开始，还必须花大力气传播、推广，广而告知，后面还可能产生巨大的传播费用。

LOGO 演变的过程其实是根据品牌战略来设计的。现在很多所谓的设计师缺乏对品牌战略的系统研究和工作经验，或者说市场和工作环境的限制也根本不需要他这么做，所以往往局限于只是画图，俗称为美工。

以前 MasterCard 的 LOGO 设计只是把品牌名称放在两个圆圈当中，稍远点距离就看不清了，之后一步步的变化都是为了让这几个字体可以看清，尝试放大、加粗、斜体、衬阴影等，期间还做过边缘增加立体感的设计，增加了动感，但是表现非常困难。我要强调的是，所有的这些变化都是在品牌形象系统控制下的细节优化调整。一个成熟的品牌，如果不是因为市场和战略的需要，是不需要轻易去改变 LOGO 设计的。

程瑞芳：惠卿能从平面设计的角度，跟我们讲讲它在不同时代的演变以及演变的趋势吗？

虞惠卿：国内的设计师、广告界都在热议这件事情，万事达卡已经有 20 年没有在品牌形象上做过更新了，但是 20 年来公司的业务发展有了很大的变化，所以他们公司想在企业外部的视觉形象和内部的产业结构上做调整和变化，他们请了美国五角设计公司对 LOGO 设计进行升级换代。

2015 年他们做过一次市场调查：在没有 LOGO 品牌字体的情况下最容易记住的是什么？有 80% 的消费者回答：图形中的两个颜色，橙红色和黄色。新的 LOGO 从老的 LOGO 中提升和优化出来，设计公司保留原有的色彩为基础要素进行优化设计，包括品牌字体的重新设计，这里的提升不是增加而是减少的设计概念。扁平化的新 LOGO 因为图形结构简单，减掉了图案中的纹路和字体与圆形的叠加，颜色平涂没有过渡和渐变，不仅是在印刷制作上能保持质量统一，而且在电子设备上的使用也具有醒目的视觉传达效果。现在有两种声音在热议这个话题：一部分看到了 800 万元的设计费，认为两个圆圈再去掉几条横杠就花了这么多钱；另一部分则站在专业的角度去分析和关注品牌设计背后所发生的事情，并且导入市场运用，以及对消费者所产生的视觉影响力等方面的问题。

一个品牌从建立到运行，需要一个完整的系统组织来完成从市场调查到市场推广的过程。我们现在热议这个 LOGO，业界都拿它当作案例分析和专业教材，所以我们也在变相地推波助澜，间接地参与到他们的全球品牌推广活动中，这个设计费的钱花得值。

程瑞芳：邵爷，刚刚惠卿和您讲到了 MasterCard 的演变是由繁到简的，而我们想问的是为什么现在平面设计图形的演变越来越简单化，越来越容易被识别，您认为最主要的原因是什么？

邵隆图：现在的信息太多太杂了，要让人们能够一眼看到并记住实在太难了。以前的几个标识，在当初使用的确也是非常好的，但是随着传播形式、媒体和受众的改变，当初的设计就很难适应当下的传播、认知环境了。

现在是信息过滤时代的到来。就像刚才惠卿讲的，这个设计很单纯。简单恰恰是能达到复杂所不及的效果，简单不是没有东西，信息单纯是简单的根本目的，所以它不仅是在传播，更重要的是在过滤其他信息，这才是核心价值。

虞惠卿：新品牌的设计在实际运用当中，与传统媒介以及电子设备无缝连接在一起。

邵隆图：把字体从图形中解放出来，就有了很大的延展性。字体与图形可以纵向、轴心组合，也可以横向组合。不同的组合形式可以适用于不同的媒介形式。

LOGO 设计更重要的是设计的延展应用。我们经常碰到很多企业委托我们设计，但自己却不知道将来能应用到哪一步，以为只要让设计师画一个 LOGO 就算完成了品牌设计，实际上远远不够，必须要放于实际应用的场景中去看整体效果。

就像这个 MasterCard，即使在生活场景中，这两个圆圈还是能非常明显地凸显出来。跟竞争对手的 LOGO 放在一起，视觉上明显占优势，这其实就是设计的目的。

而当 LOGO 应用在信用卡这样的特定物体上时，如果像以前的 LOGO 将 MasterCard 放在图形里面，制作难度就会变大，因为 LOGO 本身非常小，字也就更小了，很难制作，且辨识度低。所以在同样的应用情况下，新 LOGO 应用的制作就更简单，成本更低，效率也更高，这也是设计的目的。

而独立呈现的两个圆圈图形最大的特点就是可以根据设计需求变形为品牌独有的辅助图形。变化延展更是精彩，还是简单的两个颜色，交叠使用，充满动感，信息单纯，即使在户外也一目了然，足够吸引眼球。

现在互动媒体很多，交互使用的情况完全是不同的，它可以演绎得非常生动，又万变不离其宗。比如将手机作为终端的移动媒体，用辅助图形的变化来串联起多个传播画面，系列感强，即使是黑白色，表现得也非常生动。

所以这个设计很成功，不光解决平面的问题，还综合考虑到了在传统媒体与新型互动媒体使用上的视觉效果。

其实平面早就不平了。我记得前两年惠卿在借用位于浦东花旗大厦户外 LED 大屏幕做的一个设计项目时，就曾经提出了平面要变化，要有跳跃性，平面要变成非常活泼的东西，图形要在变化中有一个基本的骨架。

虞惠卿： 2014 年 12 月，借用浦东花旗大厦户外 LED 大屏幕做的设计项目主题是"上海动态字体秀 ShanghaiType"，邀请的参与者以平面设计师为主。因为传统的平面设计师以纸媒为设计产品，如印刷宣传品、报纸刊物等，那么如何让平面不平？在新媒体的时代我们大量使用电子设备，我邀请平面设计师用"我爱上海 I LOVE SH"做字体图形设计，然后把静态的 CMYK 平面图形转换成 RGB 动态图形，投放到花旗大厦户外 LED 大屏幕上呈现动态效果。既美化了上海城市公共空间，又让设计师感受到平面不只是在纸上运用，还可以以数字媒体的方式呈现，通过调动人的感官情绪来感知我们的城市。

今年我被邀请参加由上海市人民政府新闻办等单位联合主办的布鲁塞尔"魅力上海"城市推广活动——"创意上海"主题海报设计邀请展，展会在欧盟总部所在地比利时的布鲁塞尔举行。我的海报设计在标题文字上就开始了创意，将 BRUSSELS 和 SHANGHAI 两组城市英文共用一个"S"派生出"BRUSSELSHANGHAI"海报主题，当两个城市发生关联性的时候，海报的主画面就应运而生。画面是将两个城市的地标建筑"东方明珠塔"和"原子塔"构成一体，体现城市间的互联、发展和未来的主题。除了印刷海报在多个国家巡展，数字动态海报在苏格兰平面设计节和中国上海刘海粟美术馆举办的上海视觉艺术设计展中用视频呈现给观众（图122）。

邵隆图： "平面不平"不仅仅在线上，在线下，平面也早就不平了。

线下很多体验的场所都在变化。比如宜家，他们把产品展示设计成生活场景和体验空间，因为他们知道一般顾客是缺乏想象空间的，所以把整个系统不厌其烦地描述给你看，教会顾客如何选择商品（图123）。

图 122

（扫二维码观看动态海报）

图 123

　　即使挂一个袋子也要做这样的设计提示。所有我们能够看到的，无论是平面设计、场景展示，还是说话技巧、沟通方式等都是设计过的。最有趣的是买毛巾，我太太每次去都会冲动的消费，买很多回来，但是回到家就会说："在店里我看都很好，怎么买回家就没那么好了呢？"我跟她讲：你只买了条毛巾，但是你没把整个墙面买回来，所以你感动不了。因为你在选择的时候，是被一个场景氛围所感染。店里的陈列是设计过的，即使一个书架、一本书的摆放、一束灯光的设置，都有场景氛围的，值得好好研究。

这其实就与现在所说的"场景革命"有关，场景布置已经成为一门新型专业技术，这里面会涉及 VI 系统、BI 系统、EI 系统、PI 系统等，不再是一个平面就能解决传播的时代了，平面也不再是以前的平面了。设计师必须要跟着企业不断地学习，跟着企业的发展一起成长，企业的发展就是我们成长的机会。

我们做食品陈列也有这样的问题，设计了一个包装，它在陈列中也就是一个点。一个成熟的设计师，在包装设计之初就应该系统地考虑它在陈列的时候变成一条线、一个面的整体效果。

我以前讲过：无数的点构成线，无数条线构成面。但是我们的学生大部分是美术老师教出来的，不仅是学生，连老师往往都会把设计当作艺术，又缺乏市场经验、产业经验，这就是中国设计现在最难的转型问题，很尴尬。上次还讲过，设计和艺术的区别是什么？"艺术"就是很多人做一件事，各个不同；"设计"是很多人做不一样的事情，结果一样，具有明确的商业目标。

策略才是第一重要的。MasterCard 两个圆圈，小学生都会画。但是在设计之前，其实是以市场调查结果为依据的，老百姓最容易记住的就是这两个圆圈和这两种颜色，这就是价值，所以才作为新LOGO的主要视觉元素。

品牌的核心就是将多元的、相关的价值要素，向一个清晰的目标效应集中，整齐划一，合力共振，让品牌形象的视觉、嗅觉、听觉、触觉、味觉等标签散发出光彩。不仅仅是简单的视觉感知。

现在的科技可以做到线上的场景体验，我们称作体验经济，让你可以像在现场一样看、听、闻、尝、摸等进行各种感官体验。这些就要求设计师不仅会画图，还要通过设计思维把它表现、演绎出来。当然，这不是一个设计师能够完成的，可能是一群设计师合作去完成一件事。

虞惠卿：邵老师说得对。其实平面设计不只是简单的图形绘制工作，同时它还承载着信息和文化。与多领域团队合作，从思想开始实践，经过反复推敲，从理念走向实践完成预期的策略目标和视觉表现。万事达卡的新 LOGO 刚刚开始投入使用，接下来要在全球范围内推广它的新企业形象，我们可以用评判视角来观察是否能达到预期的目标，这是一个非常重要的过程。当它和所服务的对象发生关联时，才能看出它拥有的价值和生命。

程瑞芳：无论设计是怎样演变的，实际上是要去创造体验，用户的体验才是现在互联网时代最为重要的关注点。邵爷，原来我们在营销中说的 4P 理论 [产品（Product）、价格（Price）、渠道（Place）、宣传（Promotion）]，现在您觉得在 4P 中哪个 P 最重要？

邵隆图：客户的需求。其实，现在的 4P 理论已经演绎成 4C 理论 [顾客（Customer）、成本（Cost）、便利（Convenience）、沟通（Communication）] 了，现在首先考虑的是需求，而且现在的需求跟以前讲的需求也不一样了。

我把需求分为两种：一种是"需要"，一种是"要"。"需要"跟"要"是两回事。"需要"是基本需求，"要"则是没有理由的，是偏爱所致，因为喜欢是没理由的。

举个例子，腾讯有一款非常火的 H5《穿越故宫来看你》吸引了众多人的眼球，一位明朝的皇帝从画里跳出来，戴着墨镜在跳现代舞。让一个明朝的皇帝，戴墨镜、跳现代舞、玩自拍、做表情包、晒朋友圈、居然还有VR。这实在颠覆我们以往所见的画面，通过H5的形式迅速传播开来。这款设计是做给谁看的呢？很多年纪大的老人家看不惯（不包括我），但是年轻人觉得很好玩，为什么？因为兴趣，这是他们感兴趣的形式和内容。故宫的目的就是为了能够吸引这些年轻人，这样一来，传播和商业的使命也就达到了。很多事情如果我们自己都没有兴趣，再做下去也就不会有深刻的体会。网页里面的画面其实都是由平面构成的，通过H5这样的形式动起来，就更加生动有趣了，现在"故宫H5"已经是网红了，很受年轻人喜欢。

虽然人们总喜欢讲道理，但其实大家都更爱听故事，所以现在要多用故事来演绎道理。美国文化、欧洲文化都有很多故事，电影在讲故事，广告也在讲故事，品牌其实也在讲故事。我们会讲故事吗？我们会调情吗？你跟小孩子讲道理，他根本听不懂。

我看过一本《日本宪法》，这是一本儿童读物，全是图画，显然是用图画的方式演绎给小孩子看的。而我们的《宪法》，都是一样的文本，大人都觉得枯燥、晦涩难懂，又怎么去指导我们的孩子守法呢？现在很多东西都在把人群细分，所以要搞清楚是做给谁看的。就是我一直说的"找对人，说对话，做对事"。刚才演绎的方式其实是5W+H的变化原则，Who、Why、What、Where、When，最后再考虑How。现在人群变了，传播的方式变了，一切都在相应地改变。设计师必须跟上这个时代的变化，而且这种变化会越来越快。

再举一个例子。

美国"9·11事件"以后，纽约新世贸中心的新 LOGO 设计，花了 357 万美元。这个新 LOGO 的设计既要承载纽约市民对于那段悲惨经历的敬意，以及铭记逝者的心愿，又要呈现出一种充满希望的图景，推动纽约走向未来。

一个 LOGO 有这么大的力量吗？它的设计，就像一把三叉戟，表示很有力量，顶部有一个倾斜向上的角度象征着乐观向上的劲头。LOGO 当中镂空的地方是曾经双子塔的模样，这些有形无形的图形都被赋予意义，除了图形，它还有话题，都是我们要好好去思考的问题。

我曾经也做过很多品牌设计的改变。比如，我们公司曾经做过一个很重要的品牌——可的便利店，这个曾经拥有 1400 家连锁店的"绿色朝阳格"店招形象是我们二十多年前的创意设计。十多年后，他们又来找我，希望把"绿色朝阳格"拿掉，再设计一个新的形象。我问为什么？回答说："我们看腻了，希望有些变化。"那么我们把话题再切回到刚才的 MasterCard，人家为什么不把圆圈拿掉呢？因为他清楚这正是人们能记住的品牌资产，是最有价值的视觉记忆符号。

可的便利店的"绿色朝阳格"在当时也是如此，消费者已经牢牢记住这个视觉符号了，这是很大的品牌资产。所以我告诉他们：记住才是价值，不是你是否看腻了的问题，而是顾客能否记住的问题。

我坚持要保留这个形象，坚持以"绿色朝阳格"元素为基础做形象的升级设计。

程瑞芳：品牌资产其实是这个品牌在消费者心中的累积印象。

邵隆图：那么可的便利店想要换 LOGO 跟视觉形象，该怎么改变呢？我的策略跟 MasterCard 的设计公司是一模一样的。第一先调查当时上海所有的便利店，看大家记住了哪些标识？调查结果是，大家都只记住了一个番茄，还有就是可的便利店的"绿色朝阳格"，其他的都记不清。我们知道传播中跨国界的图形是不需要学习的，而文字是需要学习的，所以图形更有价值。MasterCard 的两个圆圈就很有价值，但往往会被忽略掉，觉得这些东西熟悉以后看腻了，需要改变，险些把重要的资产抛弃。

在确定"绿色朝阳格"的视觉元素不变之后，设计师就开始在这个绿格子里面去做设计变化，但是进展并不顺利，差不多两个半月时间还是没有达到满意的效果。后来我提议把绿格子居中、上下两端留白试试看，因为我考虑到房子建筑及周边环境的颜色可能都不一样的，红房子、蓝房子、绿房子都有可能。于是设计师按我的提议将绿格子放在画面当中，再把格子放大，更简约时尚，效果果然更好了。虽然都是绿格子，但是由于不同的大小、组合、位置、比例、色彩关系，图形简化了，形象更现代了。最后卖稿时我们只用了一句话："简单就是便利。"客户立刻就接受了这个新方案，无法拒绝。还有一个最重要的细节是，考虑到门头有长短、有大小、还会转弯，我们将门头设计成一个个小单元的模块组合，这些小单元，可以重复制作，应用起来非常方便。客户非常认同，他们在全国复制一千多家门店的时候执行起来会很规范、很方便，更能降低成本，这才是设计最大的价值——便于管理、方便流通、激发需求、促进销售、积累资产、降低成本，这些都是设计要综合考虑到的（图 124）。

升级前

升级后

图 124

程瑞芳：所以"平面不平"最重要的是我们要把具象的图形抽象为受众印象中对于品牌的认识，实际上是要帮品牌做品牌资产的积累，而品牌资产的积累是需要通过一些纯粹的、简单的元素来重复强调的。惠卿，在你的职业生涯中，你觉得有哪些"平面不平"的设计案例让你记忆深刻，可以跟我们分享一下。

虞惠卿：刚才邵老师列举了很多有趣的案例，有计划性的品牌设计符合这个城市的生存法则，各种图形符号呈现在我们生活的这个城市中，设计无处不在，犹如一座城市的图腾，这种重复出现的视觉符号增强了消费者对它的记忆和偏好。大多数企业希望他们的品牌形象随企业的发展优化提升或重新定位，建立一个能与时俱进的企业新面貌，或重新设计一个全新的品牌，或在保留部分原有视觉元素的基础上做提升和优化。比如，可的便利店品牌形象升级设计，如果把消费者已经熟知的那些"绿色朝阳格"去掉，就会浪费已培育成熟的视觉资产。所以我们讲一个品牌的提升不只是一个图形绘制的过程，更重要的是通过符号的设计和组合来表现计划，与市场和消费者发生关联。当下各种电子设备广泛使用，品牌不仅要在传统平面媒体上传播，还要支持线上多媒体的使用。多形态、动态的 LOGO 设计，已经成为一种新趋势呈现在线上了。

程瑞芳：有没有线上做得比较好的案例呢？

虞惠卿：例如，我公司服务了十几年的一家国际运动品牌企业，作为他们的长期供应商，看到了也学到了很多如何执行和规范视觉统一化的工作。对于一般消费者而言，是通过简单快速辨别"牌子"去选择要购买的产品，但一个成功品牌运行的背后需要一系列细致烦琐的管理工作来支持，包括由平面设计师完成的品牌视觉系统，确保全世界的每一家门店在户外的招牌、室内的陈列、导视指引和LOGO在产品和建筑上的呈现等，都规范在一套完整的VI管理系统里并严格执行。

这些工作不是一个单位能够独立完成的，需要设计公司跟客户管理团队一起参与共同实现。正如邵老师说的："我们的设计工作需要跨界合作。"在今天品牌行天下的现代社会，平面设计已经从传统纸媒转换到多媒体的运行轨道上了。

邵隆图：刚才惠卿讲的其实是20世纪80年代在欧洲提出的重要的管理学理论：信息论、系统论和控制论。我们说很多事情只有一个信息元素是远远不够的，还有信息的系统应用问题和执行的控制问题，包括很多"不平"的设计。

虞惠卿：现在不仅平面不平，而且上下之间的关系，从线下传统纸媒到线上的多媒体；从线下的CMYK印刷网点到线上的RGB分辨率，把品牌设计和市场运行上下对接起来，更好地去使用，就是平面的不平。平面设计是立体、上下、里外的概念。

邵隆图：太对了。上下、里外，所以平面不平。那到底要怎么做呢？设计需要控制，必须考虑这些元素和信息要形成系统，并加以控制，这很重要。

虞惠卿：成为一名平面设计师，图文的基本功训练是非常重要的。在大学入门设计教育中，需要系统学习一些基本的设计原理，比如报刊排版、中西文字使用、手绘插图、色彩图形构成，学会如何阅读和理解、掌握一门新的语言。其次是电脑软件的学习，从而达到可视化的学习过程。想要登高望远，先从"平路"走起。

程瑞芳：最为重要的是我们的专业要服务于什么？要服务于我们的品牌，而品牌就像刚才两位老师所讲的，实际上是一个系统，要通过系统把这个品牌更好地树立起来。

总结一下两位所讲的：平面看似是平的，几根线条、几个基本的图形、几种不同的色彩，但它的背后是一整套系统，甚至是线上线下规范整合的运用系统，它所服务的是品牌。

而在现代社会，你如何更好地去服务一个品牌，建立品牌资产呢？就如邵爷所讲的：要讲好故事。而讲好故事最关键的是我们要从"5W"开始，"5W"最重要的是从人的需求开始，只有你洞察了人的需求，我们才能更好地去讲故事，我们的平面才能真正做到不平。

邵隆图：我觉得一个好的设计师就是一个厨师长，不只会炒菜，只专注技术，更多的是去关注人：了解顾客是谁？为什么来？来干吗？和谁来？什么时候来？从什么地方来？……所以好的厨师长不只是做菜的，也不仅是配菜的，他要考虑桌子、椅子、灯光、桌布、环境、盘子、餐具、装饰等一系列的问题。除了菜式的色香味以外，还要考虑它的形和器，全部整合起来，这才可能成为一名非常优秀的设计师。当然，首先要有兴趣，闻道有先后，然后才是术业有专攻。

虞惠卿：设计不是化妆，设计是具有功能性的解决问题的手段。按照客户的需求，理解和实现客户的想法，将其可视化地呈现。先思考解决问题方式，再去完成表象的视觉美学的组合工作，这是我对设计的认识。

程瑞芳：最后总结一下，实际上"平面不平"是从平面开始，最终我们的落脚点是人，大写的人。

扫一扫，观看完整视频

后记

前一阵子，和一位朋友（大学老师）聊起她们学院学生的学习状态存在一些问题，她把问题的根源归咎于学院里一部分艺考生。作为一名20世纪90年代的美院毕业生，心里五味杂陈。入行20年有余，见证了平面设计从天上坠入"凡间"的历程，设计师群体愈来愈成为弱势群体，成为一群需要"保护"的人。唏嘘的是，现在被时时提及的"匠人精神"和所谓的"坚持"，总让我觉得，平面设计和年轻时向往的"时髦"已经相去甚远。因为知识结构的差异，新时代下传统设计师在为创新转型努力跋涉。我一直认为设计不仅仅是一种技能，更是一种思维，虽然做的是平面，但我们的心不能是平的。探索设计如何转变成为推动时代变革的主力，是这个时代设计行业最重要的课题。而邵爷无疑是更早于这波变革的先驱。

2016年初，我一直想请邵爷来"裤兜"开一堂线上直播课，邵爷是创意发声的老朋友，创意发声能步履艰难地走到今天，邵爷功不可没。那天晚上姚文蓉告诉我，邵爷爽快地答应来录制节目，团队同事更是兴奋，有提议名字叫隆图谈情，也有说叫无所"胃"惧，后来我们找来了王牌主持——天妈，于是在这样的一来一往中，这档栏目便这样诞生了。

感谢这段时间里一起工作的朋友们，对于这样一档公益节目，大伙不计回报，一起努力，我也常常思忖是什么力量让创意发声走到今天，大概，这就是设计的力量。

隆图谈情工作人员

【策划／主持】汤凯燕

【项目统筹】宋　丹、姚雯蓉

【直播摄影／后期剪辑】刘博文、汪塑疃

【文案编辑】吕　晶

【设　　计】刘　卉

【直播技术】张海燕、刘　飞、崔德群、陈　悟、熊其乐